健康养老专业系列教材编委会

融合型·新形态教材
复旦社云平台 fudanyun.cn

健康养老专业系列教材

社区居家
适老化环境设计

主 编 张 园 王宏仪

副主编 郭志峰 薛钧发 付志华

复旦大學 出版社

本书编委（按姓氏笔画排列）

王　铮（广州市卉养养老服务有限公司）

王宏仪（内蒙古建筑职业技术学院）

付志华（承德护理职业学院）

李嘉懿（美国佐治亚理工学院）

张　园（内蒙古建筑职业技术学院）

陈　蕾（安徽医学高等专科学校）

陈引弟（内蒙古鄂尔多斯应用技术学院）

林小燕（赣州职业技术学院）

郭志峰（内蒙古建筑职业技术学院）

薛钧发（内蒙古寿康养老产业集团有限公司）

目 录

Contents

前言 ·· 001

模块一　认识社区居家适老化环境设计 ·· 001

    项目一　老年群体特征与生活环境需求 ··· 003
        学习目标 ··· 003
        情景与任务 ··· 003
        任务分析 ··· 003
        任务实施 ··· 013
        课后拓展 ··· 014
        课后习题 ··· 014

    项目二　如何打造适合老年人的生活环境 ······································ 015
        学习目标 ··· 015
        情景与任务 ··· 015
        任务分析 ··· 015
        任务实施 ··· 028
        课后拓展 ··· 030
        课后习题 ··· 030

模块二　养老设施场地规划与建筑整体布局 ···································· 031

    项目三　养老设施场地规划与设计 ·· 033
        学习目标 ··· 033
        情景与任务 ··· 033
        任务分析 ··· 033
        任务实施 ··· 042
        课后拓展 ··· 043
        课后习题 ··· 043

项目四　养老设施建设空间组织关系 ·· 044
　　学习目标 ·· 044
　　情景与任务 ·· 044
　　任务分析 ·· 045
　　任务实施 ·· 059
　　课后拓展 ·· 061
　　课后习题 ·· 061

模块三　养老设施室外环境适老化设计 ·· 063

项目五　空间布局与流线适老化设计 ·· 065
　　学习目标 ·· 065
　　情景与任务 ·· 065
　　任务分析 ·· 065
　　任务实施 ·· 074
　　课后拓展 ·· 076
　　课后习题 ·· 076

项目六　功能空间与设施适老化设计 ·· 077
　　学习目标 ·· 077
　　情景与任务 ·· 077
　　任务分析 ·· 077
　　任务实施 ·· 081
　　课后拓展 ·· 082
　　课后习题 ·· 082

模块四　养老设施室内空间的适老化设计 ··· 083

项目七　主要生活空间的适老化设计 ·· 085
　　学习目标 ·· 085
　　情景与任务 ·· 085
　　任务分析 ·· 085
　　任务实施 ·· 101
　　课后拓展 ·· 106
　　课后习题 ·· 106

项目八　室内空间的适老化设计 ·· 107
　　学习目标 ·· 107
　　情景与任务 ·· 107
　　任务分析 ·· 107
　　任务实施 ·· 119
　　课后拓展 ·· 124

　　　　课后习题 ……………………………………………………………………………… 124

模块五　养老设施专门设计 ………………………………………………………………… 125

项目九　养老设施建筑技术的设计 ………………………………………………………… 127
　　学习目标 ………………………………………………………………………………… 127
　　情景与任务 ……………………………………………………………………………… 127
　　任务实施 ………………………………………………………………………………… 127
　　任务分析 ………………………………………………………………………………… 135
　　课后拓展 ………………………………………………………………………………… 137
　　课后习题 ………………………………………………………………………………… 137
项目十　养老设施建筑设备的设计 ………………………………………………………… 138
　　学习目标 ………………………………………………………………………………… 138
　　情景与任务 ……………………………………………………………………………… 138
　　任务分析 ………………………………………………………………………………… 138
　　任务实施 ………………………………………………………………………………… 143
　　课后拓展 ………………………………………………………………………………… 147
　　课后习题 ………………………………………………………………………………… 147

主要参考文献 ………………………………………………………………………………… 148

前　言

Preface

我国人口老龄化进程不断加速，截至2024年年末，中国60岁及以上人口已突破3亿。然而，传统社区与居家环境在空间布局、设施配备等方面，难以满足老年人日益增长的安全、便利与舒适需求，适老化环境设计成为提升老年人生活质量的关键。为积极应对老龄化，填补健康养老专业教材的空白，系统梳理适老化环境设计理论与实践经验，我们编写了这本《社区居家适老化环境设计》教材，旨在为健康养老专业教学、设计实践及社区改造工作提供科学、实用的参考。

在编写思路上，教材编写秉持"理论与实践结合、问题导向与创新驱动并重"的原则。首先，对适老化环境设计的基础理论进行系统阐释，涵盖老年人生理与心理特征、人机工程学、环境行为学等多学科知识，构建完整的理论框架；其次，聚焦社区与居家环境设计的实际场景，结合大量真实案例，剖析设计要点与方法。整个教材的编写关注行业前沿动态与技术发展，融入智能化、无障碍等创新设计理念，确保教材内容的前瞻性与实用性。

为保证教材内容的科学性与实用性，我们开展了广泛而深入的调研工作。一方面实地走访养老行业协会、一线康养机构和居家老年人等，收集适老化改造需求与使用反馈；另一方面，团队成员对国内外适老化环境设计的优秀理论和案例进行分析研究，涵盖社区公共空间、住宅室内空间、无障碍设施等多个类别，借鉴其先进经验与技术。同时，我们还对适老化设计相关的政策法规、标准规范进行了全面梳理，使教材内容具备权威性与指导性。

本教材打破传统教材以理论为主的模式，采用"理论讲解 ＋ 案例分析 ＋ 实践指导"三位一体的结构，既注重知识体系的完整性，又突出实践应用能力的培养。教学内容按照"基础理论—场地规划与整体布局—室外环境适老化设计—室内空间适老化设计—养老设施专门设计"的逻辑顺序展开，层次清晰、循序渐进。同时，每个项目设置学习目标、情景与任务、任务分析（知识点）、任务实施、课后拓展、课后习题等模块，便于读者系统学习与巩固知识。

本教材兼具人文关怀与技术能力的培养，是为社区居家适老化环境设计人才的培养而编写的，可作为智慧健康养老服务与管理、老年保健与管理、护理学（老年护理）以及建筑学、环境设计等专业的教材，也可作为相关评估工作者的培训用书。希望这本《社区居家适老化环境设计》教材，能够成为相关专业师生与设计工作者的良师益友，为推动我国社区居家适老化环境设计水平的提升贡献力量。我们也期待广大读者在使用过程中提出宝贵意见，以便不断完善教材内容。

我们在编写过程中，参考了大量国内外相关研究资料，吸收了许多专家同仁的观点、方法，特向他们表示诚挚的谢意。本书在编写过程中得到了北京寿康健康养老产业集团有限公司、广州市卉养养老服务有限公司、内蒙古寿康养老产业集团有限公司及内蒙古建筑职业技术学院、鄂尔多斯应用技术学院等单位的大力支持。各单位不但挑选出业务骨干参与编写,且协助调研、提供案例,使得教学内容更加贴近实际。编辑团队朱建宝副编审、张彦珺编辑与编写团队就教材框架、呈现方式等反复沟通,提出了很多创造性和建设性的意见,在此致以由衷的感谢。

本教材配套的教学课件、设计图等教学资源,请至复旦社云平台 www.fudanyun.cn,搜索书名,下载。复旦社云平台使用方法,请扫码查看。

编　者

2025 年 5 月

云平台使用

模块一

认识社区居家适老化环境设计

老龄化这一人口发展趋势广泛影响着人类社会的发展。2024年国家统计局发布的数据显示,中国60岁及以上人口29 697万人,占全国人口的21.1%,其中65岁及以上人口21 676万人,占全国人口的15.4%,中国已进入中度老龄化社会。老龄化的迅速发展和庞大规模的老年人口的出现,使中国成为世界上人口老龄化程度较高,老年人口绝对数量最多,应对人口老龄化任务最重的国家。其中,空巢、失能、半失能、失独、高龄人口占了很高的比例。中国在应对人口老龄化的方方面面面临着史无前例的挑战。

随着生活水平的提高以及医疗卫生事业的不断改善,中国人口人均预期寿命已增至78.6岁。这意味着,老年人在退休后约有20年左右的养老生活期。此阶段他们面临活动能力降低、健康水平下降等问题,要过好这段岁月,生活场所选择十分重要。中国疾病监测系统数据显示,跌倒已成为我国65岁以上老年人因伤致死的首位原因。因此,一个设计合理的适老化生活环境可以满足老年人的基本使用功能需求、环境空气环保需求、心理需求、危急时及时救援需求等,提升他们的生活质量和幸福感(见图0-1)。

图0-1 适老化对老年人养老的重要意义

适老化环境设计应注重以下几点。

保障老年人居住安全:在适老化环境设计中,应充分考虑可能发生的各种意外,并且要对这些可能发生的意外采取必要的措施,减少不安全因素,保障养老生活的居住安全。

支撑老年人独立生活:设置无障碍生活环境,帮助老年人独立完成大多数的生活行为和尽可能独立出行,为其独立生活提供有效支撑,减少其对照护者的依赖。

提高老年人与外界的联系能力:适老化环境设计中智能信息系统安装能够保证老年人与外界有效联络,在家就可以享受到外界各类社会服务。当老年人在家中突发疾病等紧急情况时,家中安装的信息系统能够帮助老年人及时得到外界的救助。此外,老年人也可以借助这些系统多了解社区情况,多参加集体活动,这有利于使其保持身心愉悦,减少独立生活引起的孤独感。

项目一　老年群体特征与生活环境需求

学习目标

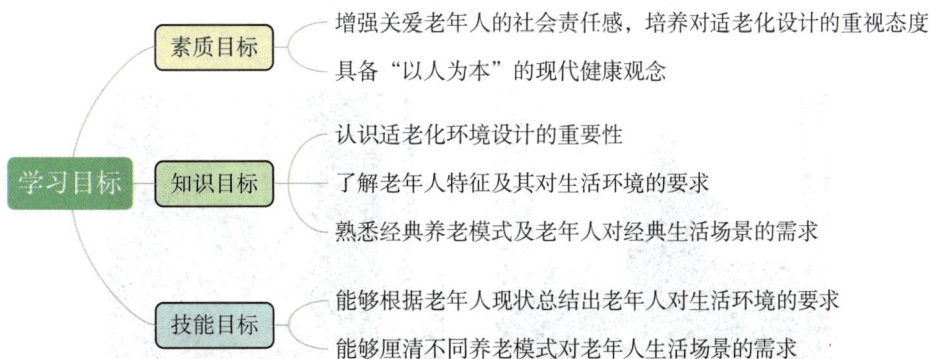

学习目标
- 素质目标
  - 增强关爱老年人的社会责任感,培养对适老化设计的重视态度
  - 具备"以人为本"的现代健康观念
- 知识目标
  - 认识适老化环境设计的重要性
  - 了解老年人特征及其对生活环境的要求
  - 熟悉经典养老模式及老年人对经典生活场景的需求
- 技能目标
  - 能够根据老年人现状总结出老年人对生活环境的要求
  - 能够厘清不同养老模式对老年人生活场景的需求

情景与任务

　　李爷爷患有膝关节疾病,行动较为不便,需使用拐杖辅助出行;老人视力、听觉不佳但可以独立出行,思维正常;老人房屋在多层住宅建筑的二楼,单元门(出入口)较窄,没有设置无障碍通道;小区内部车辆和行人混行。在实际生活中,李爷爷可以独立下楼到公共场所进行体育锻炼、社交,但需要拄拐杖,行走略有困难。小区内道路狭窄且不平整,部分路段没有路灯,夜晚出行存在安全隐患。小区内有一片绿地,但没有设置休憩设施,李爷爷散步累了只能坐在路边,起身困难。小区内部设有"老年人服务中心"。

　　请针对李爷爷的身体情况以及社区的现有状况,完成以下设计改造评估任务。

　　任务1　若李爷爷自己独立生活,在小区内可能遇到哪些困难?

　　任务2　请根据李爷爷综合能力评估结果选择合适的养老模式。

　　任务3　若李爷爷自己独立生活,在小区内需要改造的适老化点有哪些?

任务分析

　　社区居家适老化环境设计涉及社会学、老年学、卫生学、生理学、心理学、建筑学、室内设计学及城市规划学等学科。为此,需要同学们掌握老年人生理、心理和行为特征及其对生活环境的需求。

知识点一:老年人的生理特征及其对居住环境的需求

1. 老年人的生理特征

　　人生理上的衰老是一个自发而复杂的过程。随着年龄的增长,老年人器官功能下降,视觉、听觉、嗅觉、触觉等生理功能逐渐退化;动作迟缓、反应迟钝、对冷热的适应能力比年轻人低;免疫系统衰退,适应能力降低(见图1-1)。

感知能力退化

中枢神经系统
功能退化

运动系统功能退化

器官功能下降

图1-1　老年人生理特征变化

2. 由于老年人生理特征变化产生的生活环境需求

（1）声环境

老年人易失眠、爱清静、怕干扰，因此应结合老年人的睡眠特征进行隔音设计，减少居住区环境的噪声污染。另外，"听不清"或"听不到"会给老年人的起居生活带来影响，如听不到门铃或电话声会影响老年人的对外交流；而听不到煮饭、烧水的声音，甚至听不到警报的铃声，则可能会对老年人造成生命危险，尤其对于独居的老年人。可以通过适老化设计或现代高科技手段等对听觉受影响的老年人进行感官补充，来辅助老年人感知到周围环境的状况，从而保障安全（见图1-2）。

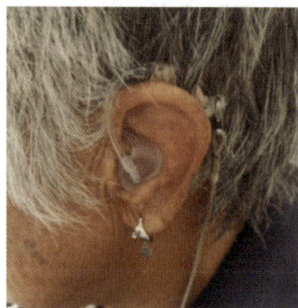

图1-2　使用助听器的老年人

（2）热环境

老年人对温度、湿度和空气流速的耐受能力较弱，应综合考虑老年人的生理特点、健康需求以及气候条件，优先设计稳定、舒适的热环境。在极端天气（如酷暑或严寒）条件下，提供备用采暖或降温设备，配备智能报警系统监测并提醒异常温度变化，确保室内温度、湿度和热舒适性达到最佳状态以减少老年人心血管系统的负担，避免湿度过低导致干燥性鼻炎、皮肤问题，或湿度过高引发霉菌滋生和关节不适。尽量利用窗户等实现自然通风，保持足够的新风量，同时避免强烈的冷热空气对流。室外应设置能够供老年人晒太阳或休憩的场所以及通风纳凉的环境。

（3）光环境

良好的采光和照明是老年人获得外界信息的前提条件，充足的日照可防止老年人骨质老化、增强老年人抵御疾病的能力。光环境包括天然光环境、人工光环境两类，可通过自然采光、电气照明实现。老年人视觉衰退，要求对其居住空间进行有针对性的设计（见图1-3～图1-5）。

图 1-3　自然采光、通风的室内环境

图 1-4　夜间照明方便老年人起夜

图 1-5　大按键开关

（4）无障碍环境

无障碍环境是指通过设计和建造，消除环境对所有人群（包括残障人士、老年人、儿童以及行动不便者）产生障碍，是使他们能够安全、独立、平等地使用各种设施和服务的一种环境。主要特征措施点如表 1-1 所示。

表 1-1　无障碍环境主要特征措施点

分类	细分	无障碍措施
物理环境无障碍	建筑设施	坡道、扶手、无障碍电梯、宽门框、无障碍卫生间等
	道路与交通	出入口、盲道、低站台公交车、无障碍步道和停车位等
	室内设计	地面、厨卫设计，降低开关高度，安装可调节设备，优化家具布局等
信息无障碍	可视化信息	如字幕、屏幕提示
	听觉辅助	如语音播报、助听设备、语音导航
	触觉提示	如盲文标识、触觉地图
社会服务无障碍	提供可被所有人便捷获取的行政服务、医疗服务和紧急救援渠道	
政策和法规支持	通过立法、标准和规范推动无障碍设计的普及与实施	

无障碍环境建设是一个社会文明程度的重要体现。它确保包括老年人或残障人士等在内的每个人都能独立、安全、平等地参与社会活动，享受生活。为此，需要从规划、设计到运营的全过程考虑，创造便捷、友好的生活环境（见图 1-6、图 1-7）。

（5）人体工效环境

人体工效环境是指依据人体工效学原理，通过合理的设计和配置环境，最大程度地优化老年人与生活环境之间的互动关系，从而提高环境的安全性、便利性和舒适度，包括空间设计、照明设计、声学环境和温湿度控制。图 1-8～图 1-11 给出了老年人体生活模型尺度[1]。

图 1-6　无障碍卫生间设计

---

[1]　本书中的图例，尺寸未标明长度单位的，单位为 mm（毫米）。

设置过街提示音 扩建路沿 残障坡度<1：12

2500 2600 2900

设置无障碍停车位 设置无障碍坡道 设置过街安全岛

设置防滑楼梯垫 拓宽过道 调整室内家具高度

≥1500mm

73-1200mm

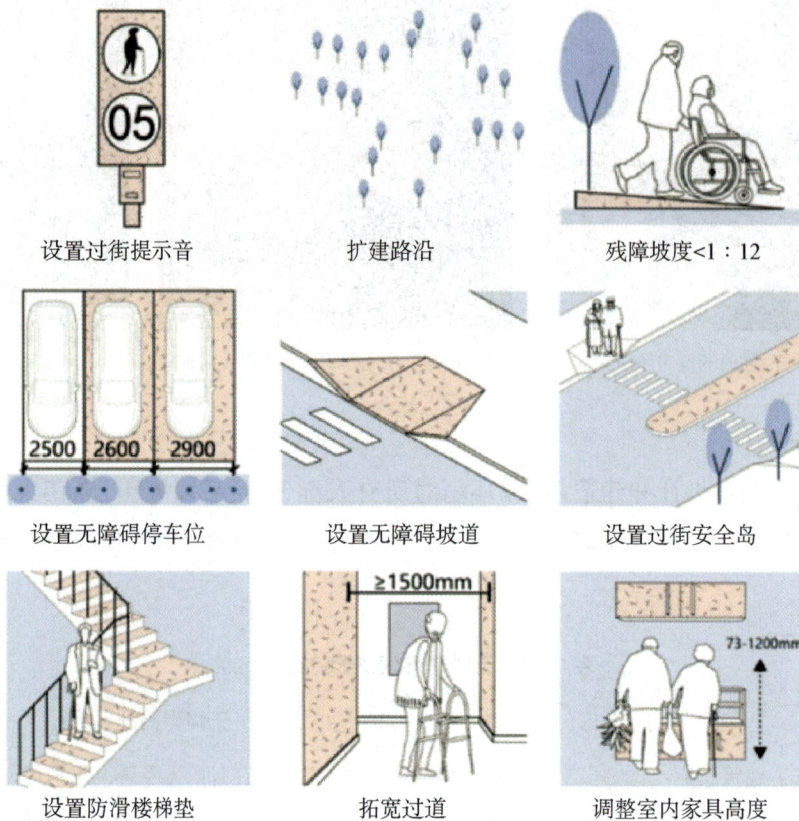

图 1-7 无障碍室内外环境

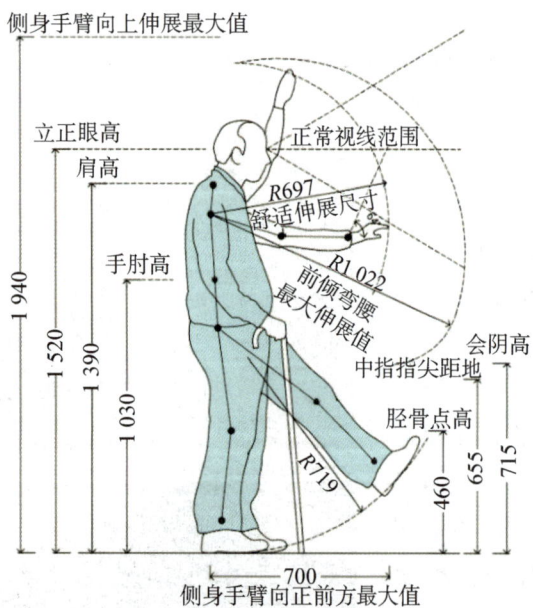

侧身手臂向上伸展最大值
立正眼高
肩高
正常视线范围
R697
舒适伸展尺寸
R1 022
前倾弯腰
最大伸展值
手肘高
会阴高
中指指尖距地
胫骨点高
R719
1 940
1 520
1 390
1 030
655
715
460
700
侧身手臂向正前方最大值

图 1-8 65岁男性老年人侧面活动尺寸

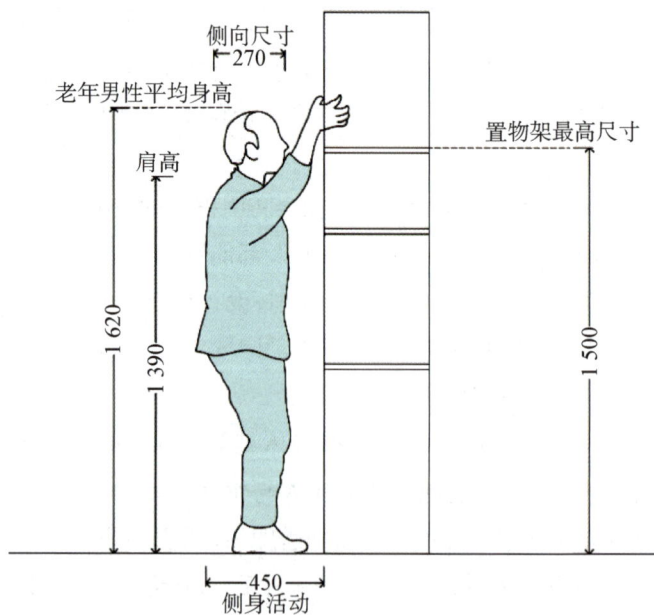

侧向尺寸
270
老年男性平均身高
肩高
置物架最高尺寸
1 620
1 390
1 500
450
侧身活动

图 1-9 65岁以上老年人置物最高尺寸

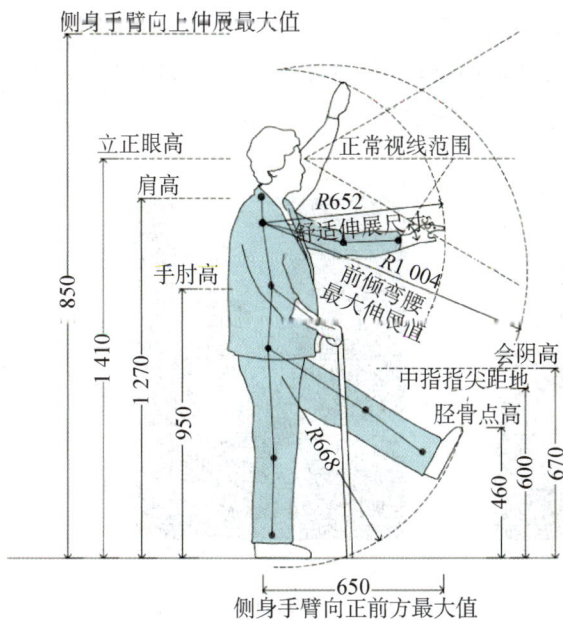

图 1-10　65岁女性老年人侧面活动尺寸

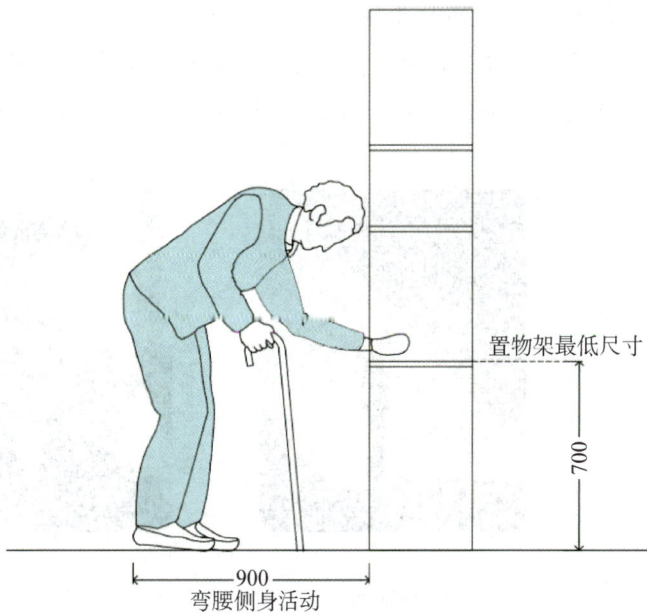

图 1-11　65岁以上老年人置物最低尺寸

　　自理老年人和使用轮椅的老年人所处的时期对应老年人不同身体状况下的生活阶段,适老化应方便各阶段老年人的使用;同时还要考虑男性老年人和女性老年人的不同空间要求;以及一个家庭同时存在自理老年人和使用轮椅的老年人的特殊情况,居住环境应兼顾两者的使用需求,具有通用性。同时,适老化设计或改造应适当早做规划,尽量在老年人自理能力衰退前进行,以避免高龄或自理能力不足阶段造成有需求无能力实施的尴尬局面。老年人人体尺寸特征与居住环境障碍如表 1-2 所示。

表 1-2　老年人人体尺寸特征与居住环境障碍

人体尺寸特征		居住环境中常见问题和障碍
自理老年人	肢体伸展幅度变小	需要弯腰下蹲或踮脚才能使用的家具与设备使用不便,如吊柜、地柜等
		按成年人标准设计的家具设备使用困难
		对带有操作面或支撑身体的家具的高度敏感,如书桌、灶台等
使用轮椅的老年人	轮椅占用空间,使用不方便	住宅室内设计缺乏轮椅通行空间,如走廊入口宽度等
		居住环境设计极少预留轮椅回转空间
		居住环境设计缺少对轮椅使用者的操作空间,如厨房灶台下没有预留轮椅放置空间
		使用者无法双手拿取物品,故沉重物品或热水等拿取困难
	手臂活动范围小	够取低处物品易造成轮椅翻倒,拿取高处物品困难,如低处的电源插座,高处的外开窗把手
	水平视线高度变低	无法使用按成年人高度标准设计的家具与设备,如吸油烟机、开关、大衣柜、户门观察孔等

知识点二：老年人的心理特征及其对居住环境的需求

1. 老年人的心理特征

退休之后,老年人的生活圈子变小了,缺少或不能进行有意义的思想和情感交流,同时又有了更多的空闲时间,这与人体生理机能和脑功能退化叠加,老年人的心理会发生一列变化,会出现以下心理特征:①缺少或不能进行有意义的思想和情感交流,易产生孤独感和依赖感;②老年人脑内生物胺代谢改变,容易出现情绪不稳定;③老年人由于大脑皮质兴奋和抑制能力低下,造成睡眠障碍。见图 1-12。

| 孤独和依赖 | 易怒和焦虑 | 睡眠障碍 |

图 1-12　老年人心理特征

2. 由于老年人心理特征变化产生的生活环境需求

心理需求是人类深层次的需求,是一种高层次的社会性需求。老年人的心理需求是衡量环境质量的标准之一。因此,我们必须对老年人的心理特征变化进行深入分析,找到他们心理需求的共性,从而使老年人的生活环境能够满足老年人的实际心理需求,见图 1-13。

安全需求
无障碍、防火防盗

家庭需求
家庭氛围、亲情照料

邻里需求
邻里关系、互助活动

归属需求
融入社会、群体认可

私密需求
独立空间、尊重隐私

舒适需求
清新空气、绿化水景

安静需求
远离噪音、环境安静

图 1-13　老年人对生活环境的要求

知识点三:老年人行为特征与对居住环境的需求

图 1-14　集聚性

1. 老年人行为特征

(1) 行为活动的集聚性

老年人在相互交往及参与公共活动时,因其社会背景、文化层次、特长爱好、健康状况等不同,交往中会产生相互吸引及内在"感应"。我们经常可以看到那些老年棋友、牌友、舞蹈爱好者聚集在一起,并有许多老年人围观,这种主动性与协从性的活动,有助于活跃气氛,增强老年公共活动氛围。见图 1-14。

(2) 行为活动的时域性

行为活动的时域性是指在不同区域、气候及季节等条件下老年人的活动行为特征,表现出老年人活动与时间的互动关系。在不同地区、季节、时间等条件下,老年人的活动特征是不相同的。如春秋老年人乐于参与广场舞锻炼、花卉种植等室外活动;盛夏高温与寒冬低温时段宜多组织一些室内活动,地点可设在既能遮挡日晒风吹又能沐浴阳光的场所(见图1-15、图1-16)。

图1-15　广场舞锻炼等室外活动

图1-16　棋牌等室内活动

（3）行为活动的地域性

老年人习惯活动的地方和专门空间范围被称为行为活动的地域性。老年人对自己熟悉的地方有着特殊的偏好。例如,某设计师观察到一种现象:景观设计师费尽苦心专为老年人提供一个避开喧嚣人群的活动场所,但老年人并不愿意到新辟的场所活动,多数仍回到原有的步行道上。

（4）行为活动的价值取向

老年人的行为活动特征还体现出老年人的价值取向。他们的交往活动是通过视觉交流手段体验自我存在价值,不是简单地"凑热闹"。我们常会看到老年人坐在城市公园、广场或干道旁看着别人活动,并以此为乐趣。这说明交往不一定是语言上的,还可以是视觉上的。因此,在设计老年社区户外交往空间时,可适当围合,为老年人留出一定私密性空间,既让老年人独处,又让其保持与外界交流。

2. 老年人出行活动特征

老年人出行活动特征可以通过他们的活动分布圈反映出来。出行活动分布圈主要是指城市老年人外出活动的空间分布领域,主要包括以下几方面:出行的时间、活动的半径和频率、出行的范围。具体划分的话,可以划分为以下几个主要活动圈(见图1-17)。

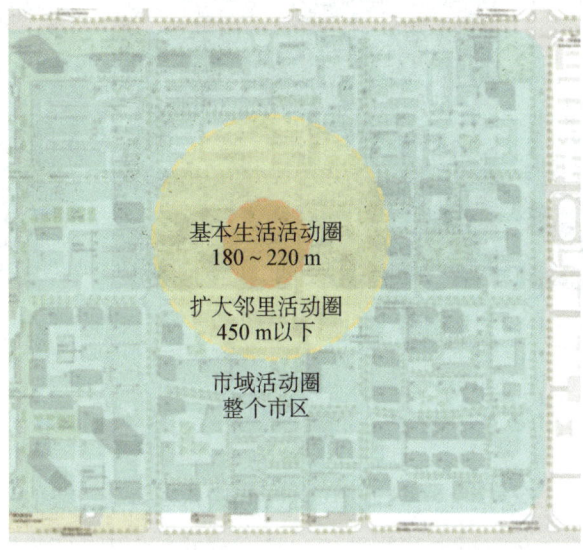

图1-17　老年人出行活动分布圈范围示意图

（1）基本生活活动圈

这一活动圈是老年人日常生活使用频率最高、停留时间最长的场所，主要是家里及居住的周围领域，活动半径在180～220 m范围内，满足老年人的出行距离需求。这种范围内，老年人的主要交往对象是家庭成员和邻居，老年人往往更容易产生亲切感、安全感和信赖感。

（2）扩大邻里活动圈

扩大邻里活动圈是指以居住社区为出行规模的老年人的活动范围。老年人对居住区的人文地理环境有着强烈的怀旧感，这里是老年人长期生活的区域，也是老年人乐于活动的场所。在此范围中，老年人活动以步行为主，其活动半径不大于450 m，是老年人的疲劳极限距离。

（3）市域活动圈

老年人更大的活动范围是以市区为出行规模的，此范围内的出行频率要低于扩大邻里活动圈内活动频率，老年人出行活动时间较长，活动半径较大，出行方式以乘车为主。

3. 老年人行为需求

依据活动的形式和特征，可将老年人的活动领域划分为三个相互独立、相互补充的层面。

（1）个体活动领域

老年人需要有一个不受外界打扰，能够自己支配的，私密性良好、具有防卫性和排他性的安全活动领域，即个体活动领域（见图1-18）。

（2）成组活动领域

当老年个体活动领域意识逐渐降低，自身防卫空间缩小时，由许多个体参与的集体活动而构成的领域被称为成组活动领域。如果老年个体参与成组活动，则成组活动领域中的个体活动领域便退而次之，成组结构领域内部的半私密性和个体间的内聚力明显加强，对外界成员有着较强的排他性（见图1-19）。

（3）集成活动领域

这是由多个老年人成组领域构成的复合式活动领域。其特点是虽然活动内容相同的领域间有着聚合力，但各个成组领域间仍存在着独立性。一般来说，老年集成活动领域属于开放性交往空间，如公园、绿地、广场、老年活动室等（见图1-20）。

图1-18 个体活动领域　　　　图1-19 成组活动领域　　　　图1-20 集成活动领域

知识点四：经典养老模式

随着时间的推移，每个个体都会面临活动能力降低、健康水平下降、获取经济收入能力减弱等问题，都需要依靠他人支持度过老年生活。根据我国国情和社会现状，若以老年人获取养老服务的场所划分，常见的养老模式主要包括机构养老、居家养老以及社区养老,见表1-3。

表1-3 三种经典的养老模式

	居家养老	社区养老	机构养老
服务地点	老年人居住在自己家中,完成其需要的吃、住、行、玩、乐、养六方面的活动	老年人从所在的社区获得社会化的养老服务	老年人通过入驻社会养老专业机构获得所需要的生活起居、清洁卫生、医疗服务、文化娱乐等社会化综合养老服务
服务方式	专业人员上门服务、远程监护、子女照护、适老化改造	社区活动、日间照料、健康服务、助餐服务、志愿者服务	专业照护、安全保障、社交活动、营养餐食
服务特点	舒适性、个性化、亲情化	便利性、综合性、社交性	专业性、集中性、安全性
模式缺点	缺少适老化设施设备,没有专用场所进行锻炼和康复等	服务资源有限,可能无法满足所有老年人的需求	缺乏家庭亲情,可能让老年人感到孤独和不适应

知识点五:老年人对经典生活场景的需求

任何人都要经历一个逐渐衰老、身体机能逐渐退化的历程,不同时期可以根据老年人生理机能特征提供不同的适老化服务。机构养老、居家养老和社区养老三种养老模式在对应的建筑实体上划分并不十分清晰。居家养老以住宅类为主;社区养老同样涉及老年人在家养老,只是提供社区上门服务的情况;机构养老也不排除将养老院设置在社区,仅作为辐射本小区的配套服务设施。总体来说,对于自理老年人应尽力延长老年人独立生活的时间;对于失能失智的老年人应满足舒适、安全、便利的同时兼顾适老化改造的经济性(见图1-21)。

图1-21 老年人类型与生活场景

1. 活力老年人生活场景适老化需求

此类老年人充满活力,由于历史和传统观念等原因,活力老年人大多选择在自己原有的住宅居家养老,不脱离原有的家庭,或独居,或与配偶、儿女同居,每家每户自成一体,套内浴室、卫生间和厨房等齐备,生活方便,不受他人干扰,比养老机构提供更多隐私性,让他们活得更有尊严。这类老年人还没有面临明显的行动不便等问题,生活无需他人照料、帮助,不想花精力对房屋进行维护维修。但他们享受社区提供的各种服务和康乐设施,关注健康和锻炼。希望社区就近有游泳馆、有氧健身设施、健身器械、集体练操房、按摩设备、礼堂、书吧、网吧、手工艺工作室等社区娱乐设施,提供娱乐和后勤服务。

2. 生活自理型老年人生活场景适老化需求

此类老年人开始感到年老体衰,希望可以独立生活,但跌倒等风险很大,购物就医等行为需要在他人的协助下完成。此阶段,老年人住房面积不宜大,只需满足生活需求即可,没有多余的室外活动。需根据老年人个体完成适老化设计,没有多余的客房、娱乐房、健身房等设计,因为老年人已无力打理。在此居住的老年人仍是独立生活,但购物、室内清洁等可以得到社区帮助,甚至附近配有长者食堂。

3. 辅助生活型老年人生活场景适老化需求

此类老年人的身体机能持续下降,日常生活某些方面需要提供部分协助,如行动、就餐、洗澡等,不过无需专业护理。即使选择居家养老,也需考虑配置适老化空间与设备。如房间开间充足,配备电视、电话、卫生间等基础设施;提供水、电、暖等基础物业服务,以及医疗监护等增值服务。它不适合分散分布于社区范围内,而是以整体的形式融合进社区。需要有公共服务空间,24 h 有人值班,每日供应三餐,社区医护人员定期上门为老年人做保健,小病随时上门医疗,大病及时送医。

4. 需医护型老年人生活场景适老化需求

这一阶段的老年人因患病生活不能自理,如瘫痪在床等。考虑到目前我国国情,因曾经长期执行的独生子女政策等导致的家庭核心化,使得大多数家庭人力资源有限,无力独立照顾好家中老年人,需要求助于医养结合的养老机构。这类机构将身体有较严重残疾、生活不能自理或行动不便的老年人集中安排在一起居住,并由机构内部的医护人员进行护理。机构为每位老年人提供一间类似旅馆的房间,可设置卧室与卫生间。因为这些老年人一天到晚躺在床上不能行动,所以一般不需要设置客厅和厨房。这类公寓的医疗条件好,老年人可选择一人间接受特别护理服务,也可选择两人间或多人间接受普通护理服务。

5. 特殊老年人生活场景适老化需求

(1)认知症照护

在辅助养老提供的服务中有一类比较特殊,即专门照护患有阿尔茨海默病等心智功能衰退症的老年人,被称为认知症照护。认知症照护除照顾老年人的日常生活活动外,还要面对老年人由于认知出现偏差导致的异于常人的行为。这类老年人体力不错但有严重认知障碍。适老化设计旨在为住户提供支持和照顾,这类老年人通常被单独安置,以免惊扰到其他身体虚弱但心智正常的老年人。80 岁以上老年人中有 45% 以上属于这一人群,市场对认知症照护的需求大大提高,因此在过去 10 年间建了很多专门照顾认知症老年人的机构。

这类建筑不适合分散分布于社区范围内,而应以整体的形式融合进社区,可以做成一体化综合服务中心形式,目前结合进社区大环境的小房子版本越来越流行。一般是自带卫生间的小卧室组合,有公共空间和后勤服务空间,24 h 有人值班。老年人三餐等日常生活都在这一封闭空间完成,设有监控以防老年人乱走,邻近保证安全的外部空间也是必要的,要严格按规定配备工作人员,工作人员用房和厨房会占用大量空间。

(2)安宁疗护

身体上完全需要别人照顾的临终老年人基本无法自主行动,常伴有认知困难。安宁疗护单元可作为大型辅助型或特殊护理型养老机构的一部分,一般是一系列自带卫生间的小卧室组合,有公共空间和后勤服务空间,要严格按规定配备工作人员。

任务实施

考虑到老年人在疾病谱、社会支持环境和功能状态的异质性,老年人综合能力评估超越了通常疾病诊断范围,评估内容比较广泛,主要包括一般医学评估、躯体功能评估、精神心理评估、社会评估、环境评估、生活质量评估和老年综合征的评估。不同场所、不同健康状态的老年人评估侧重点不同。

表1-4 任务实施表

任务内容	任务分析	任务结论
任务1 若李爷爷自己独自生活,在小区内可能遇到哪些困难?	① 李爷爷房屋在多层住宅建筑的二楼,单元门(出入口)较窄,没有设置无障碍通道;因老人患有膝关节疾病,需使用拐杖辅助出行,上下楼、出入较为不便 ② 老人视力、听觉不佳,小区内部车辆和行人混行,且小区内道路狭窄、不平整,部分路段没有路灯,夜晚出行存在安全隐患 ③ 小区内有一片绿地,但没有设置休憩设施,李爷爷散步累了只能坐在路边,起身困难	1. 出行安全隐患 上下楼梯时因膝关节疾病和扶手缺失易跌倒 狭窄单元门和不平整道路导致拐杖使用不便 人车混行且老人视听能力下降,难以快速避让车辆 2. 体力消耗问题 社区绿地无休憩设施,久坐后起身困难;不平整道路增加行走耗能,易引发疲劳 3. 夜间活动限制 部分路段无路灯,视听障碍叠加易发生碰撞或摔倒;若冬季结冰路面风险加剧 4. 社交可达性降低 公共场所路径存在障碍(如台阶、斜坡缺失),可能减少外出频率
任务2 请根据李爷爷综合能力评估结果选择合适的养老模式。	1. 李爷爷身体状况评估 优势:思维清晰、可独立出行(需拐杖辅助)、具备基本社交和锻炼能力 限制:行动缓慢(膝关节疾病)、视听感知能力下降、环境适应性较弱 2. 社区环境评估 社区现有设施存在安全隐患(如无电梯、道路不平、照明不足),但老人仍坚持独立下楼活动,说明其对居家生活有较强意愿	根据李爷爷的身体状况和社区环境特点,建议选择"居家养老＋社区支持"模式,但需通过社区适老化改造和家庭辅助设施补充降低风险。这样可保留熟悉的生活环境,维持社交和锻炼习惯,符合老人心理需求
任务3 若李爷爷自己独立生活,在小区内需要改造的适老化点有哪些?	① 无障碍通道建设:在单元门(出入口)增设无障碍坡道及扶手,方便李爷爷进出单元门,减少绊倒等风险,提高其出行的便利性和安全性 ② 道路优化:拓宽小区内部道路,修补路面坑洼,实现车辆和行人分行,设置人车分流标识,保障李爷爷等老年人的出行安全。同时,平整道路,修复坑洼不平的路面,减少行走时的颠簸和摔倒的风险 ③ 照明设施完善:在小区内增设路灯(宜安装太阳能路灯),台阶边缘涂荧光条。确保夜晚出行时有足够的照明,提高李爷爷的出行安全性,避免因视线不佳而发生意外 休憩设施建设:在小区绿地等公共空间合理设置休憩设施,如长椅、靠背椅等,方便李爷爷散步时休息,避免其因长时间站立而感到疲劳和不适 ④ 建议在楼梯转角、绿地等区域设置紧急呼叫系统;同步进行家庭适老化改造(如加设卫生间防滑垫、床边扶手),并通过社区医院开展膝关节康复训练,形成"个人—家庭—社区"三级支持体系,最大限度延长老年人独立生活期	

📖 课后拓展

当前适老化存
在的主要问题

课后习题

扫码进行在线练习。

在线练习

项目二 如何打造适合老年人的生活环境

学习目标

素质目标
- 严格检查设计、施工细节，增强解决问题能力与锻炼创新思维
- 与家属、社区、医疗团队有效沟通，增强跨学科协作能力

学习目标 —— 知识目标
- 理解适老化改建的概念与设计原则
- 掌握养老设施适老化改建的设计要点
- 熟悉养老设施适老化改建流程

技能目标
- 根据用户需求分析结果核查适老化方案设计
- 按流程展开适老化改建工作

情景与任务

李爷爷是某厂的退休人员,退休工资4 300元,有城镇职工医保,刚刚丧偶,育有两女,均在外地工作,她们事业成功但陪伴老人的时间较少。老人独自居住在20世纪九十年代建造的厂区职工宿舍,属于老旧小区。房屋位于小区临街多层住宅建筑的二楼(无电梯),建筑面积62 m²,室内存在多处门槛(高差3～5 cm),地面瓷砖湿滑,部分家具陈旧,棱角尖锐,卫生间无干湿分离,浴缸边缘高达50 cm;厨房吊柜过高(离地1.8 m),燃气灶无自动熄火保护,卧室夜间照明依赖台灯,起床路径昏暗。

请针对李爷爷的现有状况,完成以下适老化改造前期任务。

任务1 李爷爷及其家人若想对居住的住宅进行适老化改造需经过哪些流程?

任务2 依据李爷爷自身及家庭现状,适老化改造的原则和技术要点有哪些?

任务分析

知识点一:适老化的概念

适老化是指将老年人生活的室内外环境,根据老年人生理、心理及行为特征设计和建造或改造的过程。包括庭院、居室、厨房、卫生间、通道入口等生活场所,以及家具配置、生活辅助器具选取、细节保护等一系列调整或修造,以利于老年人的日常生活和活动,避免老年人人身受到伤害,缓解老年人因生理机能变化导致的不适应,增强老年人养老环境的安全性、便利性和舒适性。

知识点二:养老设施适老化设计的原则

养老设施适老化设计时应充分考虑老年人的日常生活习惯、个人爱好、社会交往及文化娱乐等需求,尽可能长久地维持老年人独立生活能力,满足其在各类社区内长期居住的需求。要与周围的服务设施、交通布局、医疗服务等相结合,确保在老年人出现问题之后相关机构和人员可以在短时间内为老年人提

供帮助。除此之外,对于老年人生活区域周围的自然环境与景观也应该加以利用。

1. 以老年人为中心的设计原则

老年人各种生理机能逐渐衰退,极易发生意外,建造安全、方便、舒适、健康的生活环境,可让老年人内心感受到快乐、自主、有尊严、有成就感……为此设计师在养老设施平面布局、动线、选材、色彩、照明、声音、气味等方面都要紧密围绕此核心展开。在设计前深入研究用户的具体特征和需要,全面客观地理解老年人生理、心理特点、生活习惯以及经济承受能力。

总体规划和建筑设计时应考虑到:

① 整体设计必须强调适老化对老年人身体和心理的支持,通过安全无害的家具、紧急呼叫设备、充足的采光和适宜的温湿度补偿等手段来保证和延伸每位入住者日常生活中的自主性、独立性和私密性。合理布局公共空间和半公共空间以维持和提高入老年人的肌体剩余能力和内心情绪调节,减少日常生活中的医疗援助。

② 设计理念明确,即希望养老设施给生活在其中的老年人什么样的空间体验和氛围:一个舒适的家,一个市民活动中心,一个社交场所,或者其中任意两者的组合。结合老年人心理,想尽办法运用各种手段和途径,如颜色、材质、布局、设备、器具、光线、声音、气味等方面,创造一个温馨、有自尊、被尊重、快乐舒适的生活环境。帮助老年人用一种积极的方式生活、工作、学习、娱乐和放松。

③ 功能和美学设计必须适应老年人的生活传统和文化背景,在生活舒适和感官刺激之间寻求最佳平衡。通过结合熟悉的元素和创新的组成,在精神、身体和社会层面实现功能和美学的结合。值得强调的是,挑选智能化设备还应考虑到信息化系统中数据存储的安全,避免系统内存储的老年人个人资料的丢失或被盗用,重视老年人的隐私保护。

④ 在集体生活方式占主导地位的机构照料设施中,公共空间和私人空间的比例和过渡需要谨慎设置,既要鼓励多参与公共活动,又要保留个人私密空间以避免意外的干扰。可有效隔断传染病传播或其他突发灾害的单元型小规模组团,除公共楼电梯之外,宜为每个组团设置独立的楼电梯。

2. 包容性设计原则

包容性设计、无障碍设计、通用设计、全民设计、可及性设计基本相似,只是各自的角度略有不同。包容性设计指的是一种基于为所有人设计的理念,无论他们的年龄、能力或生活状态如何都便于使用,并且在技术上追求设计产品的可用性、可访问性和可负担性的集成。老年人生活的社区需合理满足老年人及其他年龄成员共同生活需要的特性,特别是与老年人同住的子女孙辈及护理人员等。创造一个从建筑物到城市适合老年人居住的友好环境,给予老年人与周边生活人群更多的交流和沟通机会,及时消除老年人的孤单感,丰富他们的休闲和娱乐生活,促使他们充分融入周边环境及社会中,大大提高养老设施的使用效益。

养老设施的包容性设计可描述如下:

① 减少所有可能妨碍身体或认知脆弱、残疾的老年人轻松和安全地横向和纵向活动的物理障碍,如门槛、台阶、狭窄的门洞等。

② 消除所有障碍认知的内部和外部空间定位,无论是一个容易感知和可理解的标识系统(平面设计的字体、大小、颜色,文字和图标的布局、材料、纹理和颜色的背景、基底),还是空间和物理属性(材料、颜色、纹理、光线和照明、景观构成等)。

③ 选择符合人体工学、美观、使用方便、易于移动和清洁的家具(如床、桌子、椅子、橱柜等),固定装置(如坡道、栏杆、残疾人浴室等)和建筑五金配件(如门和家具把手、锁、水龙头等)。

④ 辅助技术(信息及通信技术)的应用亦属包容性设计范畴,如 VR(虚拟现实)、AR(增强现实)、AI(人工智能)技术,这些技术通过互联网/物联网装备实现,用于日常沟通、学习、娱乐、专业训练以及修复和康复治疗。

3. 适应性和可变性设计原则

老年人在不同年龄段、不同身体状况的情况下对生活空间有不同的需求,因此老年人生活在其中的建筑与环境应能适应老年人养老模式的发展性,满足适应性和可变性的设计原则,包括空间设施、交通设计、结构设计等。

具体应做到:

① 养老的室内空间灵活布局,尽量避免用承重墙来限定空间。可以用轻质隔墙、隔断或家具来围合空间,以达到灵活与舒适的效果;当老年人衰老到乘坐轮椅时,可以根据实际需求拆除或改造隔墙,加大门厅宽度或者改为开敞式,以确保轮椅通行和护理人员操作所需空间。

② 随着身体机能的下降,老年人需要就近配置社区养老服务中心提供的医疗、餐饮等为老服务,减少老年人外出的频率。养老服务中心应合理规划、设置丰富多样的功能服务区域。

③ 社区内设置足够的休闲娱乐设施、器材,这些设施、器材在为老年人提供锻炼身体空间的同时,还能够加强老年人之间的沟通,丰富他们的生活;有条件的社区内增设景观、园林等可以为老年人提供休憩和欣赏风景的地方,等等。

④ 待老年人进入失能失智阶段,需入住医养结合的机构养老。机构为老年人提供医护专用房间,护理区域中包含急诊室、监护室和治疗室等,便于及时检查或诊断老年人的身体状况。

4. 社区融合规划设计原则

老年人进入养老机构后,往往因全新环境而难以找到个人身份认同感和社会参与感。而一个拥有周到服务、丰富休闲活动、温馨公共空间以及可多代人接触的生活环境的养老设施,可以避免社会隔离带来的负面影响。同时,养老机构的一些公共部分,如多功能厅、健康疗愈厅、康复训练厅、自助餐厅等,也可与周边社区的居民共享,使得养老机构不仅仅是一家机构,而是可以辐射周边的一个服务体系的核心。

以社区为基础的养老设施的规划及设计可描述如下:

① 位于某一居住区内或附近,交通便捷,日常生活服务完善。

② 在日间活动(如医疗、康复、文化、娱乐等)设施中实施对非入住老年人开放的功能和服务。

③ 可以与周围社区的所有人共享的公共空间应设置在较低的楼层,使人们能够看见并易于到达,并尽量减少楼梯、电梯和出入口的障碍物,采用无障碍设计或包容性设计。

④ 方便和无障碍地引导居民进入社区共享的公共空间和服务。注意开放区域与私密区域的巧妙隔离,开放的社区共享公共空间设有独立出入口。

⑤ 内部交通流线简洁,与公共交通网络流畅衔接。

5. 工作效率原则

随着老龄化加速发展,劳动力、资金资源的短缺将成为社会的一个巨大的挑战。设计合理的养老设施物理环境可以提高护理人员工作效率,为老年人提供高质量、专业、有效的护理服务。养老机构的物理环境也是护理人员情绪测试的场所。因此,通过建筑设计缓解护理人员心理和生理两方面的工作压力,是设计时必须考虑的问题。

养老设施能够支持高工作效率的设计可以描述如下:

① 机构以中型(50～200 张床位)和小型(50 张床位)规模为宜,较大型的机构应该分为不超过 60 张床位的小型护理单元(认知症照护专区 20 床以内为宜),以保证能够向每一位入住老年人提供精细化的有效照护。

② 每个护理单元的布局符合最短路径要求,可方便且无障碍地到达所有的点,包括垂直连接(如坡道、电梯)和水平通行(如走廊、开口),必须提供和妥善协调紧急情况发生时快速对应通道。

③ 在护理站附近为护理单元内所有老年人设置共用起居或用餐空间,以减少员工对老年人个人空间

不必要的探访;对老年人来说,大多时间处于看护人员的看护下可以避免事故的发生,同时也可以提高他们之间的社交互动乐趣。

④ 小型的老年人照护设施,必须为照护者提供至少一个独立和舒适的空间,让照护者有一个休息空间;在较大的机构,建议提供一个多功能的空间,有足够的空间让全体人员集合在一起用餐、训练、放松和举行其他集体活动。

6. 去机构化的设计原则

养老设施为老年人提供不同的专业照顾和服务,需要被规划为一系列支持性的生活环境,让老年人在因疾病等问题而无法独立生活的情况下,仍能继续并优化正常生活。因此,构建像家一样自由自在的生活场景即去机构化的设计原则,非常重要。设计的目标应该是通过一切可能的方式,为安全、舒适、健康和精神成长做出贡献。设计中所有的感官、形式、表现力、技术元素及其构成都必须自觉地指向这一目标。

具体而言,一个适合的养老设施居住环境可以描述如下:

① 在一个安全舒适的环境中,必须适当地保持与大自然的亲密接触。提供可达的园景庭院、花园、天台等,供老年人作休息、运动、游戏、园艺,与感官治疗植物及传统象征动物(如鱼、鸟等)互动之用。

② 在布局上考虑使用传统的院落系统,必须仔细计算日照间距,保证院落空间全年适合老年人户外活动。

③ 可大量使用室内和室外的水景作为治疗性感官刺激,但前提条件是安全。

④ 在保证安全的前提条件下大量使用大面积的窗户和玻璃门,以增强与自然的视觉接触,确保庭院或花园在视觉上融入室内空间。

⑤ 在公共空间使用家庭化的装修材料和设计手法,家具、固定装置和五金配件都保持家庭的温馨感,像是家的延续。

⑥ 可设计面向室外的开敞空间与阳光暖廊或防风雨的阳台,用于夏天的通风以及冬季的保暖。避免过热或过冷的天气对老年人身体的影响。另外,这些空间可支持外部社会组织机构活动。

7. 可持续设计原则

作为社会福利计划的一部分,养老设施的可持续设计在为老年人及工作人员提供一个舒适的生活、工作和娱乐环境的同时,应减少能源消耗和污染排放,包括建筑组件的生产期间、施工过程以及建筑的全生命周期(加热和冷却系统、用电、维护清洁、设备等),从而产生一个积极的、具有低成本效益的可持续建筑。

养老设施的可持续设计可描述如下:

① 在场地的布局、建筑朝向、入口位置、交通安排以及室内外材料的使用上,采用环境和文化认可的原则。

② 根据投资预算采用绿色建筑技术,如太阳能和光伏板、水循环利用、地热能源以及当地存在的任何优势(温泉等)。

③ 建筑必须引入充足的自然光和自然通风、遮阳、保温、气密性等被动节能设计。由机械系统控制的恒温恒湿的封闭环境会减弱老年人对天气和季节变化的自我适应的能力。

④ 在景观设计中建立雨水收集和再利用系统(即结合透水路面、屋顶集水、水景和园林集水)。

⑤ 充分利用立面的被动式节能设计,如朝向阳光、双层或三层窗户或幕墙、各种类型的百叶窗,或阴影、悬臂构件、使用树木和植被的阴影区域。

⑥ 植物温室的设计必须考虑建筑周围环境和外立面等,缓冲内外空间温差,节约能源,为养老设施维持适应气候变化的舒适空间。

⑦ 在选择材料的时候,要考虑到整个制造、运输、建造和回收的过程。根据每个项目的具体情况,优先采用当地可用的建筑材料和技术,增加环境友好价值。

知识点三:养老设施适老化改建要点

1. 养老机构适老化改建要点

养老机构需结合入住老年人的实际状况,在家庭般的氛围中精心提供个性化服务。在维护老年人尊严的同时,最大限度地发挥他们的身体机能残余能力。提供足够大的空间以便工作人员实施护理。另外,通过调动五种感官(视觉、味觉、触觉、听觉、嗅觉),使老年人拥有"居有所乐"的优质生活,创造一个以持续生活为目标的开放的社区空间。

(1)室外开放空间

对养老机构来说,一个具有开放感且令人身心愉悦的室外空间至关重要。规划时应考虑到外部光线、通风、庭院、露台及入口等开放的空间创造。

开放空间可为老年人提供活动场地,增加日照机会,提升整体健康水平。与封闭的室内环境相比,开放空间视野开阔、空气清新,易激发积极乐观的情感,缓解焦虑、抑郁等不良情绪,是老年人进行社交活动的理想场所。子孙辈探望时在此互动玩耍,减少孤独感和社会隔离感。开放空间中的自然景观、人文设施等可以满足老年人的精神文化需求,有助于保持大脑的活跃,延缓认知衰退。与周围社区融为一体的开放空间可以很好地看到社区居民往来的身影,也可吸引社区居民进入空间,一起参加娱乐活动,营造一种富有活力的生活氛围(见图2-1~图2-3)。开放空间视野开阔,便于日常安全监管,及时发现老年人可能遇到的安全问题,迅速采取措施,保障老年人的生命安全。在发生火灾、地震等紧急情况时,开放空

图2-1 开放的庭院

图2-2 从外面可以看到里面情况的开放式日托服务设施

图2-3 外观是机构的象征

间作为安全疏散的缓冲区域,能够为老年人提供一个相对安全的临时避难场所。

(2)室内活动空间

养老机构为老年人提供吃饭、休息、洗漱等日常生活空间的同时应设置多种休闲娱乐区域,如棋牌室、阅览室、影视厅等,丰富老年人的精神文化生活。部分室内活动空间可作为医疗保健或康复训练区域,配备专业的设备、器材和人员,为老年人提供定期体检、疾病治疗、康复护理等服务。室内活动空间作为老年人社交与情感交流平台可开展各类集体活动,帮助老年人形成情感支持网络,有效缓解老年人的孤独感和失落感,让他们感受到温暖和关怀。

养老机构的室内活动空间设计和布局需要充分考虑老年人的身体状况、心理需求和生活习惯,以创造一个安全、舒适、便捷且富有活力的空间。常见的功能区域见图2-4~图2-8。

图2-4　多功能活动区

图2-5　休闲娱乐区

图2-6　健身康复区

图2-7　手工创作区

(3)设置至少两个用餐区域

许多陌生人聚集在一起生活,人际关系会纠缠不清,甚至有可能不想碰面。如果有两个以上的餐区,就会减少与自己关系不融洽者的碰面机会。若条件不允许,则可在较大的餐厅空间尽量设计一些相对独立的软性分区。如果无法确保充足的空间,可通过巧妙划分时间段等方式,确保人际关系不融洽的老年人之间有躲避之处。

此外,两个用餐区域可以有不同的管理侧重点和服务团队,根据各自服务对象的特点和需求有针对性的管理和运营,提供更专业、更贴心的多样化服务,满足特殊人群的特殊饮食需求。例如,针对患有糖尿病、高血压、高血脂等慢性疾病的老年人安排特殊饮食方案;尊重和满足有特定宗教信仰老年人的饮食需求。设置两个餐区可分流就餐人员,避免就餐高峰时出现拥挤、排队时间过长等问题,提高运营管理效率和老年人就餐舒适度;可有效应对传染性疾病、食品安全等突发情况,便于实施分区管理和隔离措施。此外,两个餐区可以设计成不同的风格和氛围,承担不同的功能,为老年人提供多样化的就餐环境选择,丰富老年人生活体验。特别是将需要进餐护理的老年人与不需要进餐护理的老年人的餐区分开,防止正常进餐老年人情绪低落或需要进餐护理老年人的隐私暴露(见图2-9)。

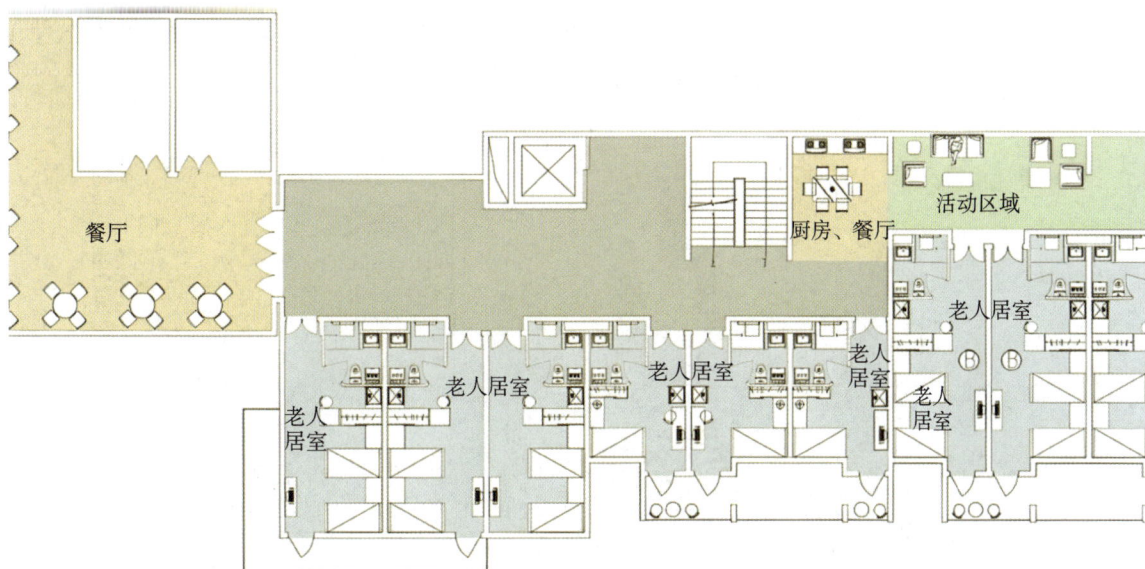

图2-8 养老机构内部场景示意图

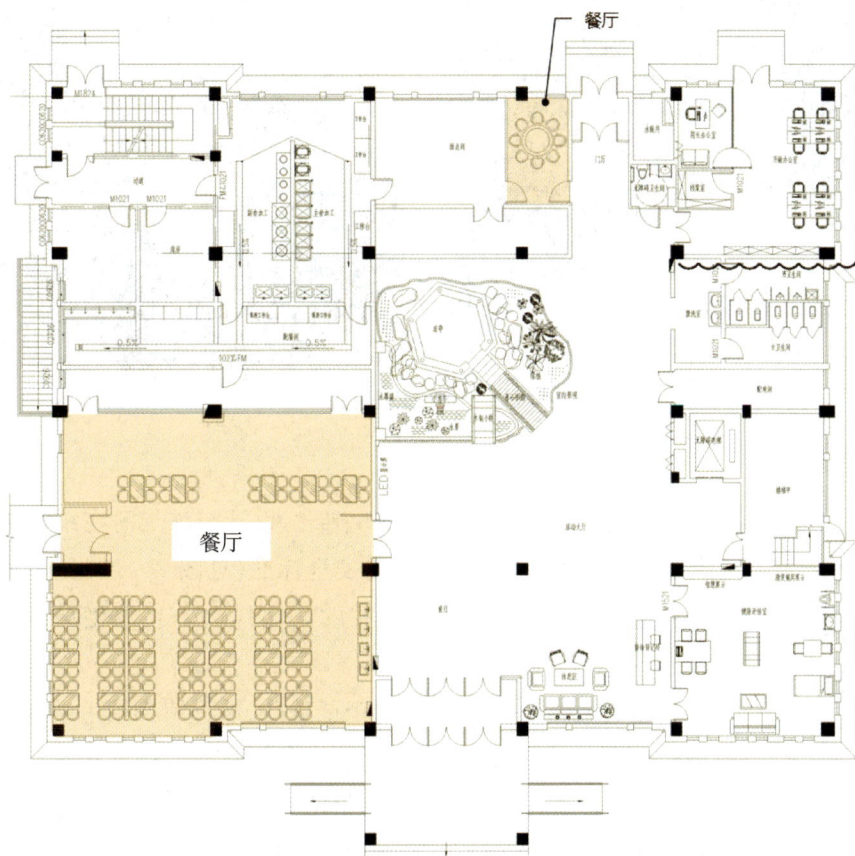

图2-9 多种形式的餐厅示意图

（4）用水区域设计

用水区域的设计会直接影响到护理效果。设计时应以安全、便利和舒适为设计核心，兼顾卫生、节能和环保，同时考虑个性化需求。

在设计卫生间、洗漱间、洗衣房及公共饮水区等具体用水区域要做到：合理分区，各类设施布局紧凑合理，方便老年人操作与使用，减少不必要的行走距离。采用无障碍设计，空间宽敞，保证轮椅自由回转。采用防滑地面并定期维护，安装稳固的扶手、无尖锐边角设施，充足且无眩光的照明、合理的水温控制等可降低老年人滑倒、烫伤等风险。设置易于触及的紧急呼叫按钮，确保紧急情况下老年人能及时求助。针对护理需求程度较高的老年人，尽量选择不在房间里设置卫生间。工作人员应很容易发现脏污便于及时处理，防止产生异味；老年人摔倒在卫生间也容易察觉（见图2-10）。

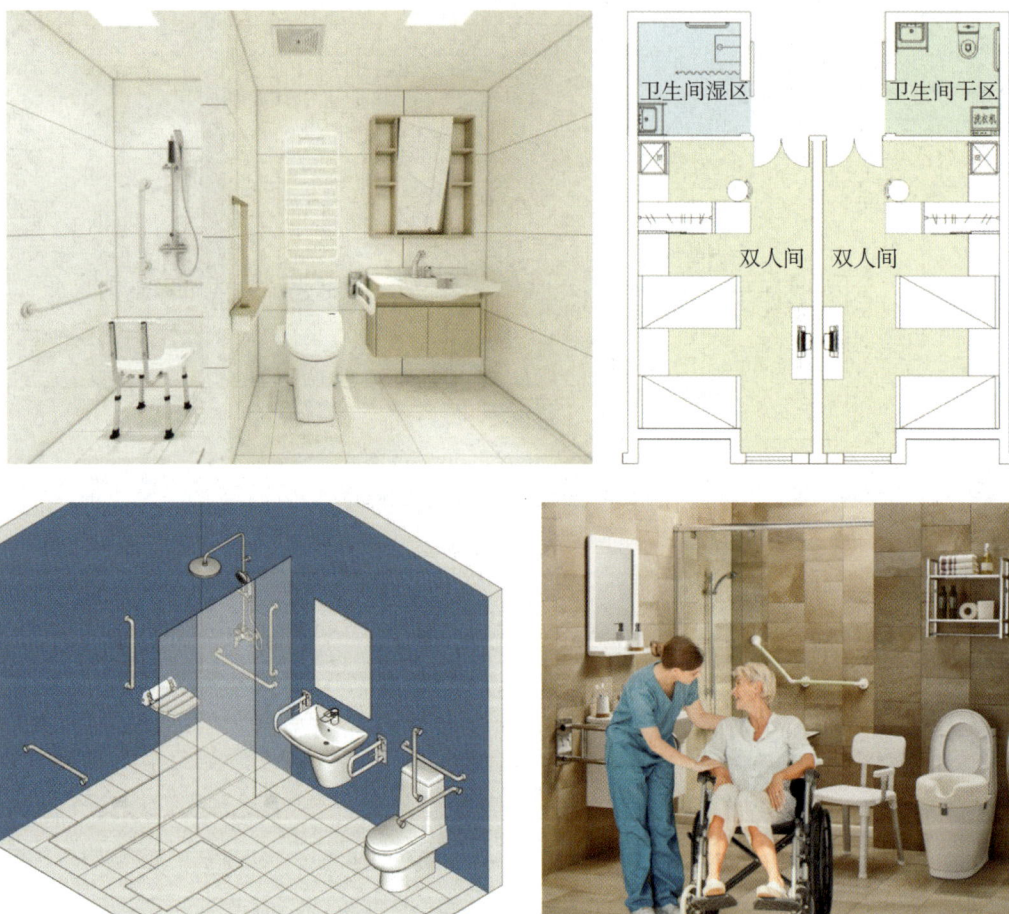

图2-10 卫生间示意图

（5）修缮改造检查要点

在对养老设施进行修缮改造时，设计与施工需在结构专家的指导下进行，以确保每一个环节都符合安全标准（见图2-11）。这不仅能保障工程顺利进行，还能有效规避潜在的法律风险。在修缮改造过程中，需特别注意：

建筑主体结构变动时，对于承重柱、承重墙必须由结构专家通过严谨的结构分析和计算，准确判断墙柱的可拆除性，以保证建筑整体结构的稳定性和抗震性能。楼板开孔必须严格按照规范和设计要求执行，尽量避免因开孔切断楼板、墙面内钢筋，一旦钢筋被切断，建筑的承载能力、整体性与抗震性

图2-11 改造前进行结构检查

能将人幅下降,在地震等自然灾害来临时,极易发生严重的安全事故。若改造的主体是钢筋混凝土结构,应避免为铺设空调管道等在横梁上开孔,降低横梁的承载能力,进而影响整个建筑结构的安全性。对于加装电梯等设备的施工,通常是在建筑外部进行,建议采用灵活易改的钢结构。

总之,养老设施的修缮改造工程必须遵循结构安全原则,每一步改造都经过专业评估和设计,以确保建筑物的长期安全和稳定。

(6) 适老化改建工程管理核心

养老机构适老化改建工程管理核心包括成本控制、质量控制、进度控制、合同管理、信息管理和组织协调,即"三控两管一协调"。

① 三控。成本控制是指通过合理规划,运用技术、经济和管理等手段,精确核算改造所需的各项费用,包括材料采购、设备租赁、人工成本等,对影响成本的各种因素进行控制和调节,避免不必要的开支,在保证改建质量的前提下,把施工成本控制在计划范围内,以保证成本目标的实现。质量控制是为达到工程项目的质量要求(包括设计文件、相关标准和规范的要求,业主使用功能需求)而采取的作业技术和活动。进度控制是指对工程项目各阶段的工作内容、工作程序、持续时间和衔接关系编制计划,并将计划付诸实施。在计划实施过程中需检查实际进度是否按计划进行,对出现的偏差分析原因,采取补救措施或调整、修改原计划,直至工程竣工,交付使用。

② 两管。两管包括合同管理和信息管理。合同管理是指对适老化工程项目建设过程中所涉及的各类合同进行策划、签订、履行、变更、索赔和争议处理等一系列活动的管理工作。信息管理是指对适老化项目涉及的各种信息进行收集、整理、存储、传递、处理和应用等一系列工作的总称,它为项目管理决策提供依据,确保项目管理的高效运行。

③ 一协调。养老机构适老化改建涉及多个部门和利益相关者,如养老机构管理人员、施工方、老年人及其家属等。有效的组织协调工作可确保各方沟通的顺畅,及时解决出现的矛盾和问题,确保项目目标的实现。

表 2-1 列出了"三控两管一协调"各工作内容。

表2-1 工程项目管理工作内容

工作范畴	工作名称	工作内容
三控	成本控制	编制成本计划,确定成本目标
		对施工过程中的各项费用进行监控和记录,及时发现成本偏差
		分析成本偏差产生的原因,采取相应的措施进行纠正,如优化施工方案、合理调配资源、控制费用支出等
	质量控制	建立质量管理体系,制定质量计划和质量目标
		对原材料、构配件和设备进行检验和验收
		对施工工序进行质量控制,实施质量检验和试验,如旁站监督、抽样检查等
		对质量问题进行处理和整改,确保工程质量符合要求
	进度控制	编制进度计划,确定各阶段工作任务、时间节点和资源配置,制定详细的时间表
		建立进度监测机制,定期检查工程实际进度情况,确保工程按计划顺利推进
		当实际进度与计划进度出现偏差时,采取相应的调整措施,如增加资源投入、调整工作顺序、压缩关键工作时间等,按时完成改造任务

（续表）

工作范畴	工作名称	工作内容
两管	合同管理	合同文本的起草、审核和签订
		合同执行过程中的跟踪和监督,检查合同双方的履行情况
		处理合同变更、违约和索赔等事宜,协调合同双方的关系,解决合同纠纷
		对合同的签订、履行、变更等环节进行严格把控,避免出现合同纠纷
	信息管理	建立完善的信息管理系统,收集、整理和分析改造过程中的各种信息,包括工程进度、质量检测报告、成本支出明细等
		对收集到的信息进行分类、整理和存储,以便于查询和使用
		及时将信息传递给相关人员,保证信息的流通和共享
		利用信息进行分析和预测,为项目决策提供支持
一协调	组织协调	协调项目参与各方之间的关系,如业主、设计单位、施工单位、监理单位等
		协调各施工单位之间的施工顺序和交叉作业问题
		协调项目与外部环境的关系,如与政府部门、周边居民等的关系,解决施工过程中的扰民、民扰等问题

不同养老机构适老化改建的要点,主要是由服务功能定位、服务对象特点、建筑空间布局以及运营管理模式等方面的差异所决定的。细致入微的优化设计可提升老年人生活环境的安全系数与功能便利性,从而提升其生活质量和幸福感,为养老机构赢得老年人信任和忠诚度。为此,设计者和建设相关人员应和机构运营者密切协商,仔细倾听现场护理人员和入住老年人的意见,站在使用者的角度,深入细致地思考,并选择合理方案。

2. 社区养老服务中心适老化改建要点

社区养老服务中心在应对人口老龄化、提升老年人生活质量、促进社会和谐等方面发挥着重要作用,它可为老年人提供基础生活照护、医疗保健、康复护理服务;可组织各类文化娱乐活动,为他们提供心理咨询和心理疏导服务,丰富老年人精神文化生活的同时提供社交平台;提供养老政策、法律、理财等信息咨询服务与服务转介,方便老年人获取多样化的服务。因此,一个环境设计合理的社区养老服务中心非常有利于服务的有效供给。

（1）空间布局符合功能要求

根据社区养老服务中心的功能需求,合理划分不同的区域,如生活起居区、医疗保健区、文化娱乐区、餐饮区等,并通过明确的标识和流线设计,使各区域之间既相对独立又相互联系,方便使用和管理。例如,公共活动区设置在中心的显眼且交通便利处,且与外部空间有良好衔接,方便老年人前往;生活照料区设在相对安静位置,与公共活动区有一定距离,减少干扰;餐厅需明亮通风;助浴间配备适老化洗浴设施,并就近设置连接浴室和更衣室的卫生间;医疗保健区独立设置,保证安静、卫生,可与生活照料区相邻,便于老年人就医;管理服务区可设置在入口附近,便于接待来访人员和管理中心各项事务。如图2-12所示,日托服务房间的旁边就是卫生间。

服务中心内部流线合理规划,保证使用者在各功能区域之间通行顺畅,避免交叉干扰。与周边道路、公交站点等有良好衔接,方便出行,同时设置专门的车辆停放区域,保障车辆有序停放。

（2）社区养老服务中心隐私保护

社区养老服务中心一般没有卧室那样的私人空间,但有卫生间、浴室、静养室、咨询室等使用时需保

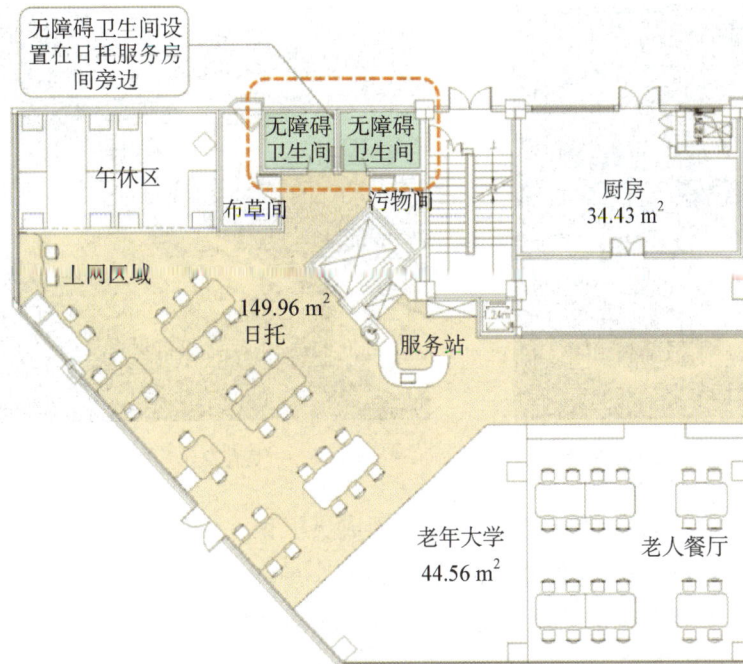

图 2-12　无障碍卫生间需就近设置

护个人隐私的空间。布局时应合理设置动静分区,减少相互干扰。采用隔断、屏风等,让服务对象能够放心地接受个别护理(见图 2-13)。卫生间门的密封性要好,窗户的位置和大小要避免外界对室内的直接窥视。设置独立的谈心室、心理咨询室等私密空间,供老年人与家人、朋友或心理医生进行私密交流。这些房间要保证良好的隔音和独立的出入口,避免被外界打扰。社区养老服务中心需设置清晰明确的标识系统,指示不同功能区域,明确私密区域的范围和使用规则,提醒人们尊重他人隐私。在空间设计上,隐私保护至关重要,关乎老年人的生活品质与心理感受。

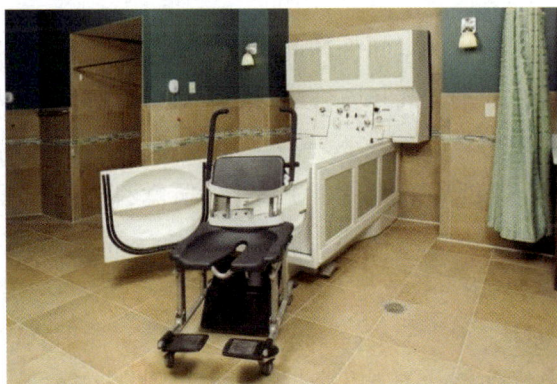

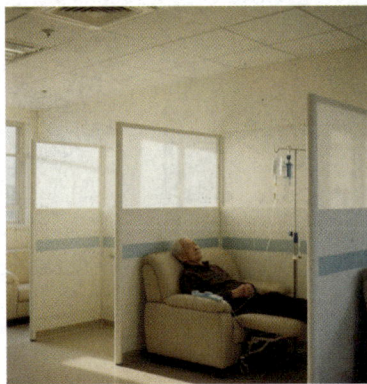

图 2-13　个人隐私空间的设置

(3) 建筑设计具有高象征性,安全开放

对社区养老服务中心进行高象征性设计,通过建筑的形态、空间、装饰、色彩等各种设计元素,以一种高度凝练和抽象的方式传达出养老、敬老深层次的精神内涵,使其超越其单纯的物质功能,成为一种富有意义和感染力的符号或标志(见图 2-14)。深入挖掘建筑所在地的历史文化、民俗风情等元素,将这些文化元素以抽象或具象的方式融入建筑物外观、招牌、徽标等设计中,使老年人感受到熟悉的氛围(见图 2-15);通过温暖的色彩、柔和的线条营造出温馨、舒适的氛围,让老年人产生亲切感,增强归属感。

图2-14 象征性较高的设计（北京某养老社区）

图2-15 以船只作为象征性的外观（舟山某托老所）

中心与周边社区融合设计，力争打造成一处社区成员汇聚一堂的服务空间。老年人与社会融合互动，避免老年人被边缘化。设置开放的社区活动中心、共享的绿地等公共空间，满足人们社交、交流的需求。从公共道路可以看到中心内部的建筑设计，向社区展示开放的建筑物配置等，使社区居民可以轻松来访。

考虑安全与应急设施的设计，在建筑设计中充分考虑安全因素，设置完善的消防、安防系统，以及紧急呼叫装置、应急照明等设施，确保老年人的生命安全。同时，合理规划疏散通道和安全出口，保证在紧急情况下老年人能够迅速、安全地疏散。

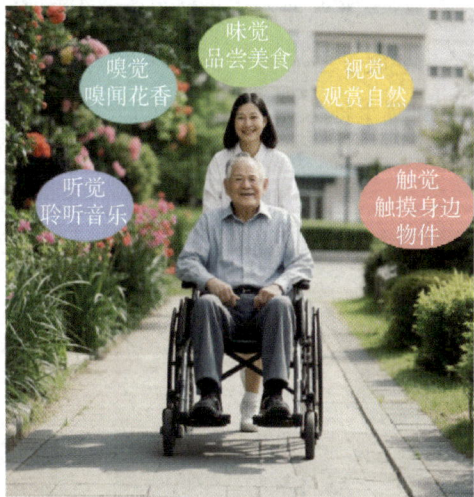

图2-16 激发五感的空间

（4）激发五感的空间创造

考虑到环境给老年人带来的影响，关注激发五种感官的空间创造。装修设计可以使空间看起来色彩明亮，在这里可听到同伴们的声音，聆听生活之音，感受饭菜之香，探求外面的香气，与同伴们一同品尝美味，享受午后茶点，体验人生愉悦。

激发五感的空间设计可给入住老年人以感官刺激，营造出意味悠长的空间和场地（见图2-16）。①视觉：可从房间和小物件的整体颜色入手，感受老年人所爱，让老年人在能使他们心情平和的颜色氛围下生活。②听觉：将老年人喜欢的音乐和小鸟的鸣叫等可使老年人放松的声音融入生活当中。③嗅觉：利用熏香或芳香油使房间里弥漫着香气，去除令人讨厌的臭味。④味觉：老年人品尝富有营养、合乎胃口的饭菜。

⑤触觉：将木制或布制等手感柔软的小物件放在老年人身旁，让他们随时能够触摸到。

知识点四：养老设施适老化改建流程

1. 居家适老化改建流程

结合适老化改建项目工程特点，秉承"敬老、爱老、为老服务"的宗旨，严格按照国家规定特别是住建部颁布的规范规程及行业标准打造适老化改建流程（见图2-17），专业化、标准化的适老化改建流程的实施，可以提升服务质量和用户体验。同时，也能够帮助适老化改建机构提升管理效率，降低成本，提高竞争力，让老年人更加安全、便利。

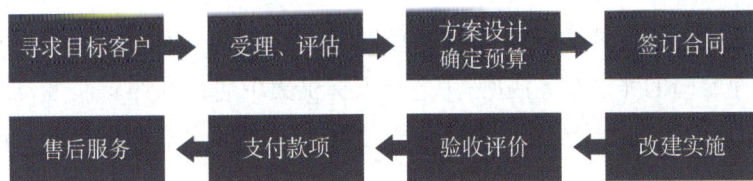

图2-17 居家适老化改建流程

（1）寻求目标客户

通过科普讲座、电话咨询、宣传海报、微信推广等手段，普及防跌倒等知识，让客户全面了解适老化的内容和解决方案。需要适老化改建服务的家庭或机构到专业的适老化改建机构寻求帮助。

（2）受理改建需求，评估客户现状

受理客户需求后，改建工程师需实地调研，了解老年人的身体状况、家庭关系、生活习惯、居室环境等情况，以及老年人所需的专业养老服务信息，如功能训练、辅具配置、医疗器械使用等方面的情况。在此基础上采用老年人自评、评估者他评、实测、拍照等多种方式完成适老化改建评估，评估者为康复师、社区护士、个案管理师等。值得强调的一点是，评估者仅起到信息采集的作用，结果判定及改造方案制订需要适老化改建的专业工程师完成。整个评估时间不宜太长，以1小时为宜，要珍惜入户的宝贵机会，尽可能多地了解老年人的生活习惯和需求，并详细记录环境情况和老年人的特征。适老化改建需求评估内容主要分为老年人身体评估、康复辅助器具需求评估、居室环境评估、家庭成员评估及政策评估。

（3）方案设计、确定预算、签订合同

与老年人及其家属充分沟通，指出家里存在的主要问题，确认客户的具体需求和期望后，依照国家政策法规和相关行业标准，提出符合客户要求的改建方案，明确服务的范围、要求与预算，并依法签订合同，为后续的服务提供明确的目标和依据。

（4）改建实施

根据适老化改建方案，确认所需要的资源并进行准备，包括人员、材料及设备的准备，以及必要的文档和信息的整理和准备。

适老化改建施工是设计方案落地的核心环节，是整个改建工程中时间最长，项目难度最高的部分，每处细节的质量决定了最终的整体效果。应按照住建部颁发的国家标准规范规程、行业协会的行业标准，对施工进行严格的过程性管理，确保达到质量、工期、造价目标。此外，适老化改建工程师需要同时具备专业技能和良好的沟通能力，与客户进行有效沟通交流，收集客户的反馈，发现问题及时改进和调整，确保高品质的适老化改建效果。

（5）验收评价，支付款项

适老化改建工作完成后，由业主和相关部门组织验收。验收合格后支付款项并进行收尾工作，包括整理和归档服务，与客户进行服务评价和反馈，收集和分析客户的需求和意见等。要建立良好的反馈机制，总结经验教训，以便在以后的适老化改建工作中不断完善服务流程和标准，提升服务质量和效率。

（6）提供售后服务

适老化改建需建立严格的品质保障体系。通常工作完成后1周内进行电话回访，听取客户反馈，并于3个月和半年后再次追踪，对每个家庭开展售后服务跟踪，并统一建立售后服务跟踪联系表，对客户定期进行回访并详细记录。如有急修项目（水、电等）可拨打24小时服务热线，在最短的时间内派专人到现场。正常报修，48小时内上门服务；紧急报修立即解决；一般性问题12小时内解决；特殊问题与适老化改造家庭协商时间。协助老年人选择合适且优质的辅助器具，让老年人有效预防或减少生活中的不便，提高生活质量。

2. 养老设施改建流程

养老实施改建实施主体通常是政府、企业或社会组织,涉及多方协作,如设计单位、施工单位、监理单位等。目的是建设一个专门的养老服务场所,为老年人提供集中居住和照料服务,满足其生活、医疗、康复、娱乐等多方面需求。养老机构改建是一个复杂的过程,成本投入较大,周期长。详细的改建流程见图2-18。

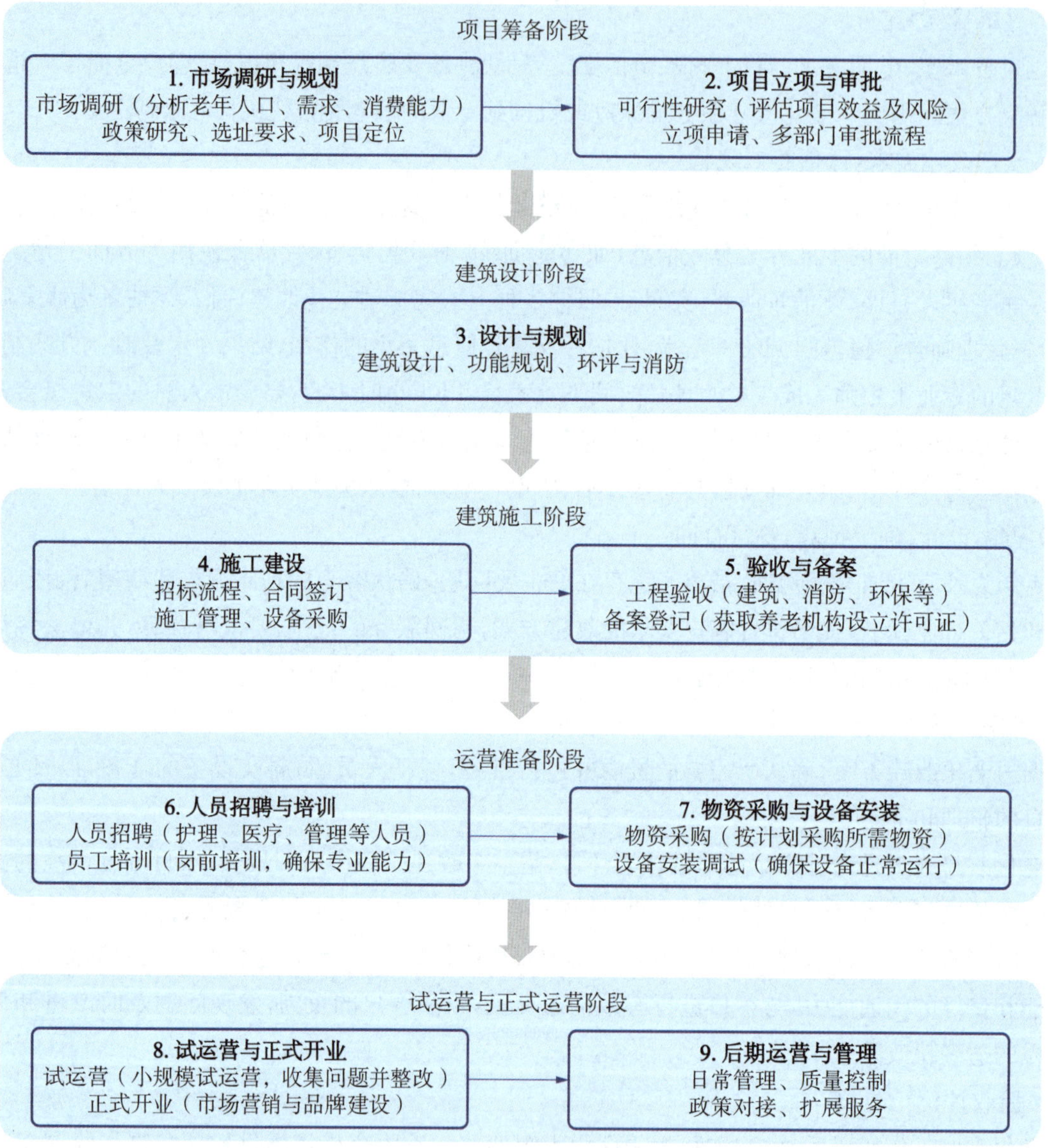

图 2-18 养老设施改建流程图

项目筹备阶段

1.市场调研与规划
市场调研(分析老年人口、需求、消费能力)
政策研究、选址要求、项目定位

2.项目立项与审批
可行性研究(评估项目效益及风险)
立项申请、多部门审批流程

建筑设计阶段

3.设计与规划
建筑设计、功能规划、环评与消防

建筑施工阶段

4.施工建设
招标流程、合同签订
施工管理、设备采购

5.验收与备案
工程验收(建筑、消防、环保等)
备案登记(获取养老机构设立许可证)

运营准备阶段

6.人员招聘与培训
人员招聘(护理、医疗、管理等人员)
员工培训(岗前培训,确保专业能力)

7.物资采购与设备安装
物资采购(按计划采购所需物资)
设备安装调试(确保设备正常运行)

试运营与正式运营阶段

8.试运营与正式开业
试运营(小规模试运营,收集问题并整改)
正式开业(市场营销与品牌建设)

9.后期运营与管理
日常管理、质量控制
政策对接、扩展服务

图 2-18 养老设施改建流程图

任务实施

适老化改造流程的规范性不仅涉及政策合规性,更直接影响改造效果、老年人安全及资源利用效率。它是将"老旧房屋"转化为"适老安全屋"的核心保障。建议优先申请政府补贴,选择资质齐全的企业,重点解决卫生间湿滑、夜间照明不足、厨房安全隐患等问题。子女可通过远程协助完成申请,并参与改造方案沟通,确保改造贴合实际需求。

表2-2 任务实施表

任务内容	任务实施
任务1 李爷爷及其家人若想对居住的住宅进行适老化改造需经过哪些流程？	李爷爷及其家人对家里进行适老化改造需经历以下流程。 ① 专业公司受理改造需求，评估客户现状：具备适老化改造资质的机构或设计师，进行现场勘查(如测量高差、评估家具布局、水电隐患)，与李爷爷及其家人沟通，了解李爷爷的身体状况、生活习惯和改造需求，共同商议改造目标，明确李爷爷的生活痛点和需求(如防摔、便捷性、安全性)，并结合李爷爷的身体状况(如行动能力、视力情况)和居住习惯(如夜间如厕频率)，梳理优先级。 ② 方案设计、确定预算、签订合同：根据调研结果，结合专业评估，制订详细的改造方案(含改造内容、施工计划、预算金额、施工图、材料清单等)。在双方协商一致的基础上签订合同。若涉及老旧小区公共区域(如外挂扶手)，需向社区或厂区管理部门报备；燃气灶更换需符合安全规范。 ③ 改造实施：专业施工队伍按照设计方案进行施工，明确工期和施工保护措施(减少噪音、粉尘对老年人的影响)，同时加强与李爷爷的沟通，确保改造过程符合其期望。家人远程监督或委托第三方监理，确保按图施工(如门槛坡度、防滑瓷砖铺贴)。 ④ 验收评价，支付款项：改造完成后，李爷爷亲自试用关键设施(如扶手牢固度、照明亮度)，提出调整意见。同时，组织专业人员进行验收评估，检查改造效果是否符合预期，对于存在的问题及时整改和完善。留存施工资料和保修协议，确保后续维护(如感应灯更换、家具包边维护)。 ⑤ 售后服务：与适老化改造公司在合同中标明相关售后如有关及时服务、跟踪服务、超质服务的保障条款，协助老年人及其家人快速有效地解决问题，提高生活质量。专业公司长期跟踪服务，定期回访使用效果(如浴缸改造后是否适应)，提供应急联系方式(如紧急呼叫设备安装联系人)。
任务2 依据李爷爷自身及家庭现状，适老化改造的原则和技术要点有哪些？	适老化改造的原则： ① 安全优先：消除跌倒风险(高差、湿滑)，家具边角等避免尖锐棱角，保障燃气与用电安全，确保李爷爷在家中行动的安全。 ② 注重无障碍设计：确保通道宽敞无阻，门洞宽度适宜，方便李爷爷自由通行。 ③ 强调可适应性：改造方案要具有一定的灵活性，能够根据李爷爷未来身体状况的变化进行调整。如预留未来照护空间(如轮椅回转半径)、采用通用设计(如门宽≥80 cm)。 ④ 注重细节和实用性：关注李爷爷生活中的细节需求，如调整吊柜高度、设置易于操作的开关、提供夜间照明等。 适老化改造的技术要点： ① 全屋通用改造，具体如下。 地面，统一平整无高差(门槛改为斜坡)，铺设防滑地面。 照明，增设感应夜灯(卧室至卫生间路径)，台灯替换为可遥控的LED吸顶灯。 家具，尖锐棱角加装防撞条，替换不稳定家具(如带轮座椅)。 ② 地面改造：对室内多处门槛进行坡化处理，消除高差；在卫生间、厨房等易湿滑区域铺设防滑地砖或增加防滑垫。 ③ 卫生间改造：拆除浴缸，设淋浴区(防滑地砖＋折叠浴凳，花洒配恒温阀及手持喷头)。干湿分离，加装浴帘及挡水条，地漏升级为长条形快速排水。马桶侧墙面安装L型扶手(高度70 cm)，淋浴区设竖向抓杆。确保李爷爷在卫生间内的安全。 ④ 厨房改造：替换为下拉式储物架或降低吊柜高度至离地1.5 m以内。安装带有自动熄火保护装置的燃气灶，加装燃气报警器。预留坐姿操作空间(台下留空高度≥65 cm)。 ⑤ 卧室改造：在卧室床头安装智能照明系统，设置感应夜灯，方便李爷爷夜间起床行走。床沿增设起身扶手，床边铺设软质防滑地垫。床头安装无线呼叫按钮，联动女儿手机或社区服务中心。 ⑥ 其他细节：对部分家具进行圆角处理，避免尖锐边角造成伤害；根据李爷爷的身高和使用习惯，调整家具的高度和位置。入户门加宽便于担架进出，窗户安装限位器防坠楼。在客厅布置家人照片墙，预留视频通话设备位置。可引入智能安防系统、健康监测设备等，提高李爷爷的生活便利性和安全性。房屋位于小区临街多层住宅建筑的二楼(无电梯)，若涉及老旧小区公共区域(如外挂扶手)，需向社区或厂区管理部门报备；燃气灶更换需符合安全规范。

（续表）

任务内容	任务实施
	⑦ 技术实施优先级建议如下。 紧急项,地面防滑、卫生间改造、燃气安全。 优化项,照明系统、家具包边、吊柜调整。 可选项,智能家居(如语音控制照明)、社区养老设施联动(如送餐电梯)。 考虑到李爷爷自身的经济状况,结合家庭支持,李爷爷具备适老化改造的经济能力。改造后可显著提升李爷爷居住安全性、舒适性与生活便利性。

📖 课后拓展

使用方空间需求调研

📝 课后习题

扫码进行在线练习。

模块二

养老设施场地规划与建筑整体布局

　　许多养老设施在建设过程中没有全面而细致地考虑老年人行为和心理的特殊性,甚至为了突出形式感而忽略了功能和老年人的感受,导致很多养老项目的场地设计出现了一些不当。

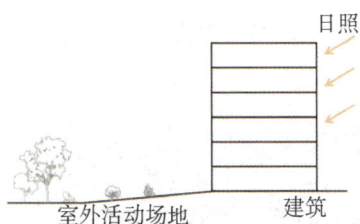

活动场地日照条件差。老年人室外活动场地南侧的建筑过高,遮挡阳光,特别是北方地区冬季冰雪难以融化。 图0-1　活动场地日照条件差	不同功能流线交叉干扰。急救车与人行流线混合交叉,易发生交通事故。 图0-2　不同功能流线交叉干扰	场地过于封闭。养老设施场地过于封闭,切断了养老设施与周边社区的联系,加深了老年人的孤独感。 图0-3　场地过于封闭
室外空间过于形式化。景观绿化过度追求形式与构图,布置了过多草坪、花池、水景及小品,造成活动场地使用受限,可观而不可用。 图0-4　室外空间过于形式化	入口广场交通无组织。主入口场地仅设计成简单的广场,并未规划出明确的步行道与车行道,容易产生冲撞,不利于老年人通行。 图0-5　入口广场交通无组织	室内外缺乏过渡空间。建筑室内外缺少连廊、门廊、四季厅和阳光房等过渡空间。天气不好时,老年人难以和大自然亲密接触。 图0-6　室内外缺乏过渡空间

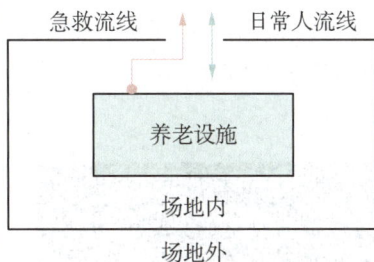

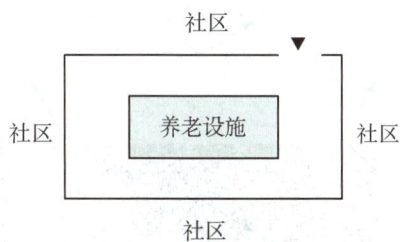

（续表）

人行道与车行道颜色混淆。人行道路面铺装颜色与车行道接近，给视觉分辨能力差的老年人带来困扰和危险。	人行道路凹凸不平。人行道路面材质凹凸不平、存在微小高差，不利于使用拐杖、推行轮椅或助行器的老人行走。	车行交通复杂。老年人行动迟缓，反应速度较慢，复杂的车行流线和标识，会给老年人造成心理负担和通行困扰。
图0-7 人行道与车行道颜色混淆	图0-8 人行道路凹凸不平	图0-9 车行交通复杂
停车位不足。规划的停车位数量不足，亲属在节假日来探望老年人时无处停车，侵占绿化及通行空间，增加不安全因素。	停车位类型单一。缺少无障碍车位，忽略大型车辆的停车位，不方便对应车型停靠和落客。	场地无法满足急救车停靠。主入口处台阶范围过大且雨棚伸出较小，急救车无法靠近建筑大门，接送老年人不方便。
图0-10 停车位不足	图0-11 停车位类型单一	图0-12 场地无法满足急救车停靠

项目三　养老设施场地规划与设计

学习目标

- 学习目标
  - 素质目标
    - 实现从理论到实际应用的转化，具备创新与技术应用能力
    - 理解老年人生理及心理需求，具备沟通技巧和情感关怀能力
  - 知识目标
    - 掌握养老设施场地规划设计原则与要点
    - 熟悉养老设施建设规模与建设指标
  - 技能目标
    - 综合考虑老年人的生理和心理特点，组织养老设施的场地设计
    - 学会运用养老设施建设规模与建设指标评价项目

情景与任务

颐仁康养中心项目由康颐养老服务有限公司联合某市第三人民医院开发建设,旨在打造一个集生活照料、医疗护理、康复保健、文化娱乐等多功能于一体的现代化康养社区,为老年人提供高品质的养老服务,缓解当地(三线城市)对于专业康养机构的迫切需求。项目地址现有两个选项:

一是位于城市近郊,靠近自然风景区,环境优美,空气清新,同时交通便利,紧邻地铁口,距离第三人民医院约10分钟车程,距离市中心约25分钟车程,便于家属探望和老年人外出就医等。该址地质条件稳定,地势平坦,坡度适宜,排水良好,是不受洪涝灾害威胁的地段,便于老年人出行。占地面积约22 000 m²,建筑面积约13 500 m²,设计床位242张(护理型床位154张,普通床位88张),有足够的空间进行各类功能区域的规划与建设。服务于自理、半失能、失能及认知症老年人,打造"医养结合、智慧赋能、人文关怀"于一体的综合性养老机构。

二是位于市区核心居住区的一栋既有建筑,邻近三甲医院/公园/社区服务中心,交通便利,基础设施完善,公共服务设施使用方便,周边老年人口密集。该康养中心建筑面积6 120 m²,设计护理型床位240张,打造"医养结合、智慧赋能、人文关怀"于一体的社区嵌入式医养养老服务机构,服务于失能及认知症老年人,同时辐射周边社区家庭养老需求。

请根据项目实际情况以,完成以下任务。

任务1　老年人照料设施基地选址。

任务2　选项一中,总平面布局与道路交通及老年人照料设施场地设计要点有哪些?

任务分析

养老机构基地选择和平面布局是决定养老项目成败的关键,直接影响功能实现、安全性及使用体验。需要设计者平衡项目的经济性、功能性、合规性与人文关怀。科学的选址不仅能降低前期投入与运营风险,更能通过精准匹配需求以提升竞争力,为"让老年人有尊严地老去"提供空间载体。老年人照料设施应

适应所在地区的自然条件与社会、经济发展现状;符合养老服务体系建设规划和城乡规划的要求,充分利用现有公共服务资源和基础设施;适应运营模式,保证老年人基本生活质量的同时保证照料服务有效开展。

知识点一:养老设施基地选址

考虑到老年人体能特点,遇灾难时疏散困难,为保障使用安全,老年人照料设施建筑基地应选择在地质条件稳定、不受洪涝灾害威胁的地段。从生理特点和心理需求出发,老年人对阳光、空气等自然条件要求较高,基地应选择在日照充足、通风良好的地段。总体而言,老年人照料设施建筑基地应选择在交通方便、基础设施完善、公共服务设施使用方便的地段。见图3-1。

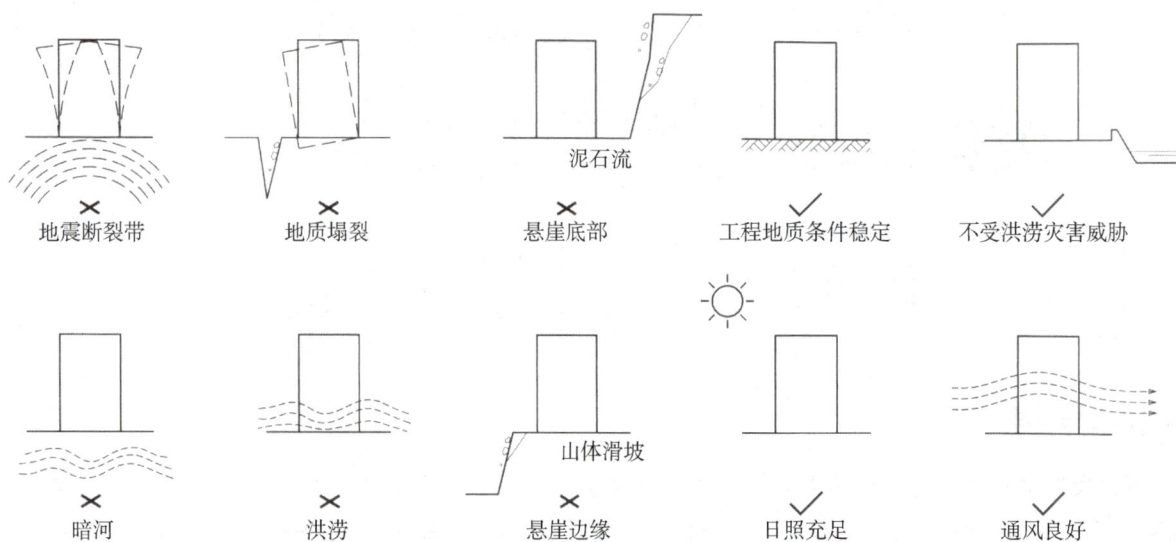

图3-1 养老设施基地选择

考虑老年人对空气质量、环境噪声等周边生活环境敏感度较强,且耐受力较弱,相比较其他建筑和设施,老年人照料设施建筑基地更应该远离污染源、噪声源,保证空气质量和环境安静。建筑基地应远离易燃、易爆危险品生产、储运的区域,不应有高压电线、燃气和输油管道主干管道等穿越,避免发生事故时危及老年人的安全。见图3-2。

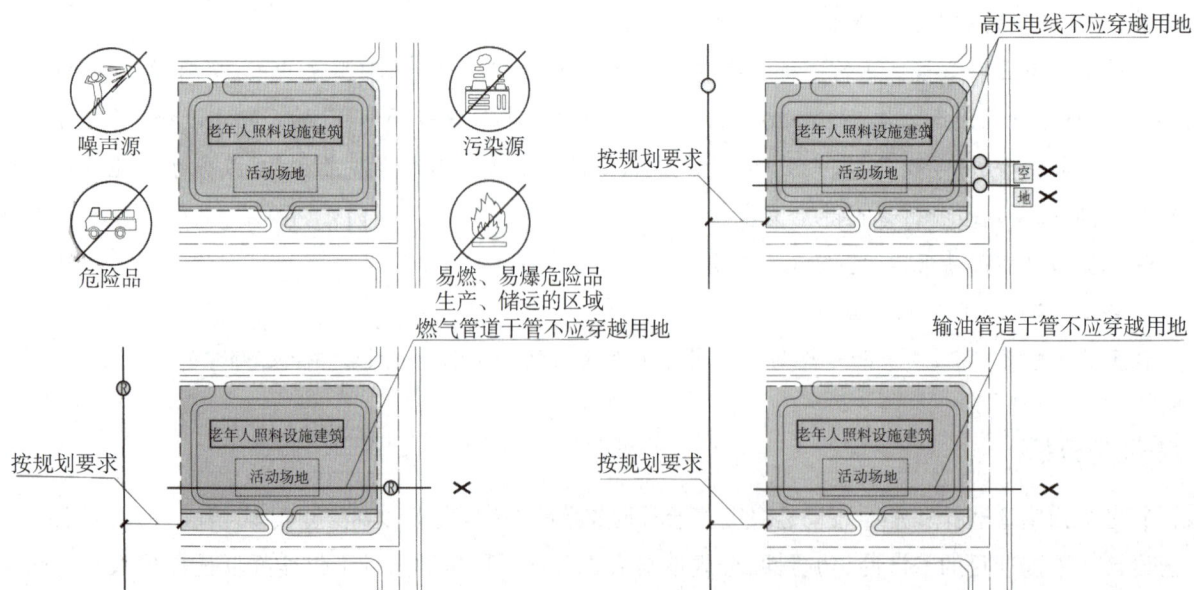

图3-2 养老设施基地选择

知识点二:养老设施总平面布局与道路交通

老年人照料设施建筑需要按功能关系进行合理布局,明确动静分区,以达到使用方便,减少干扰的目的。城市主干道交通繁忙,车速较快,老年人照料设施基地及建筑物的主要出入口如果开向城市主干道,不利于老年人出行安全。货物、垃圾、殡葬等运输最好设置具有良好隔离和遮挡的单独通道和出入口,避免对老年人身心造成影响。见图3-3。

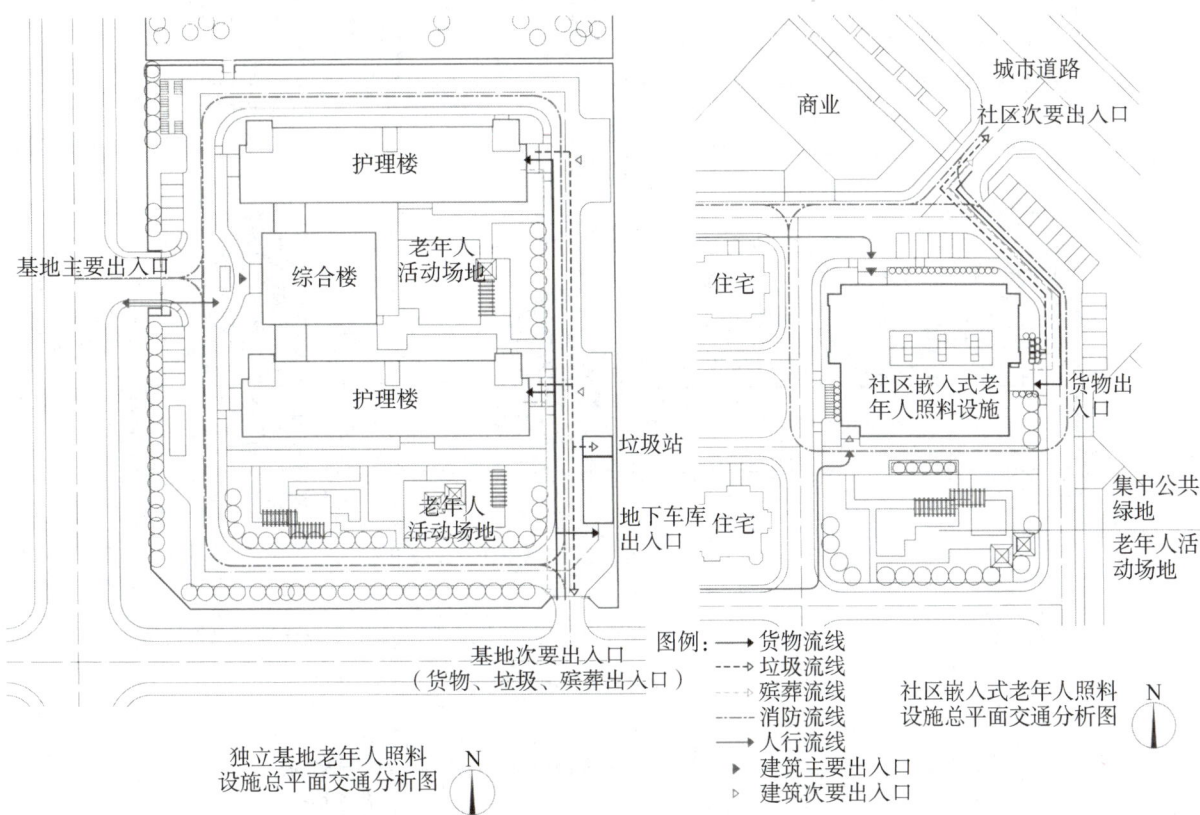

图3-3 老年照料设施总平面交通分析图

老年人是发生高危疾病和伤害事故频率最高的人群,因此要求救护车辆能够直接通达连接可容纳担架的电梯、楼梯的建筑出入口,即建筑的紧急送医通道的终点(见图3-4、图3-5)。建筑出入口处应有满足救护车辆停靠的场地条件,即救护车辆通道应满足最小3.5 m×3.5 m的净空要求,以保证救护车辆最大限度靠近事故地点,提高救治效率。当利用道路作为救护车辆停靠场地时,道路应设置两条以上车道。当救护车辆停靠场地位于建筑出入口雨搭、挑棚、挑檐等遮蔽物之下时,地面至遮蔽物底面净空应不小于3.5 m。见图3-6。

总平面内应设置机动车和非机动车停车场。在机动车停车场距建筑物主要出入口最近的位置上应设置无障碍停车位或无障碍停车下客点,并与无障碍人行道相连。无障碍停车位或无障碍停车下客点应有明显的标志。

知识点三:养老设施场地设计

老年人全日照料设施应为老年人设室外活动场地。场地应有满足老年人室外休闲、健身、娱乐等活动的设施;位置应避免与车辆交通空间交叉,且应保证日照,宜选择在向阳、避风处;地面应平整防滑、排水畅通;当有坡度时,坡度不应大于2.5%。老年人集中的室外活动场地应临近设置满足老年人使用的公

宽度满足担架抬行
或轮椅推行的通道

可容纳担架的电梯（楼梯）

居室

居室

居室

居室

单元起居厅/餐厅

居室

楼层平面图

宽度满足担架抬行
或轮椅推行的通道

可容纳担架的电梯（楼梯）

次要出入口

次要出入口
兼紧急送医
通道出入口

公共服务用房

公共服务用房

首层平面图

经出入口连续、无阻碍地
送至救护车停靠点

主要出入口/紧急送医通道出入口

经出入口连续、无阻碍
地送至救护车停靠点

图例： ◄── 紧急送医通道

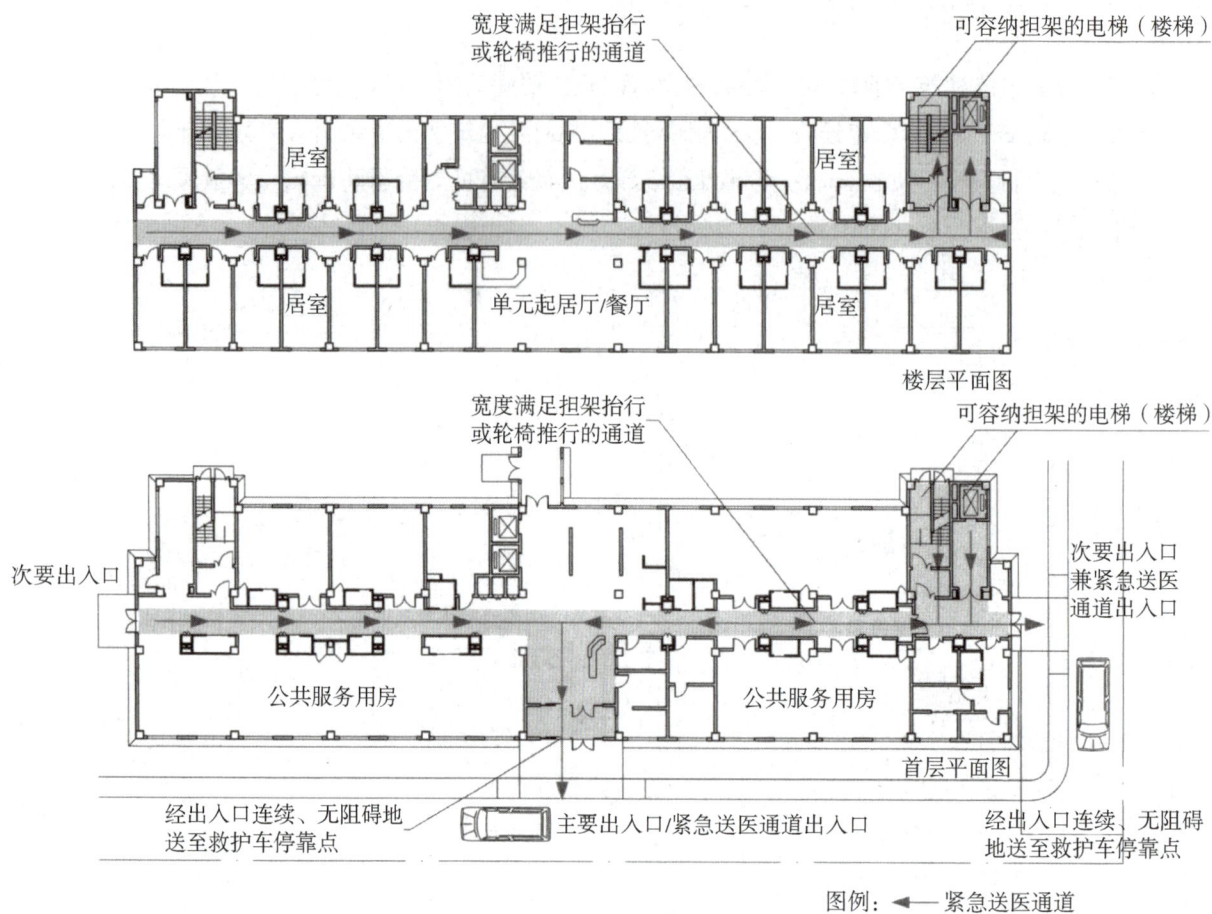

图 3-4　紧急送医通道示意图

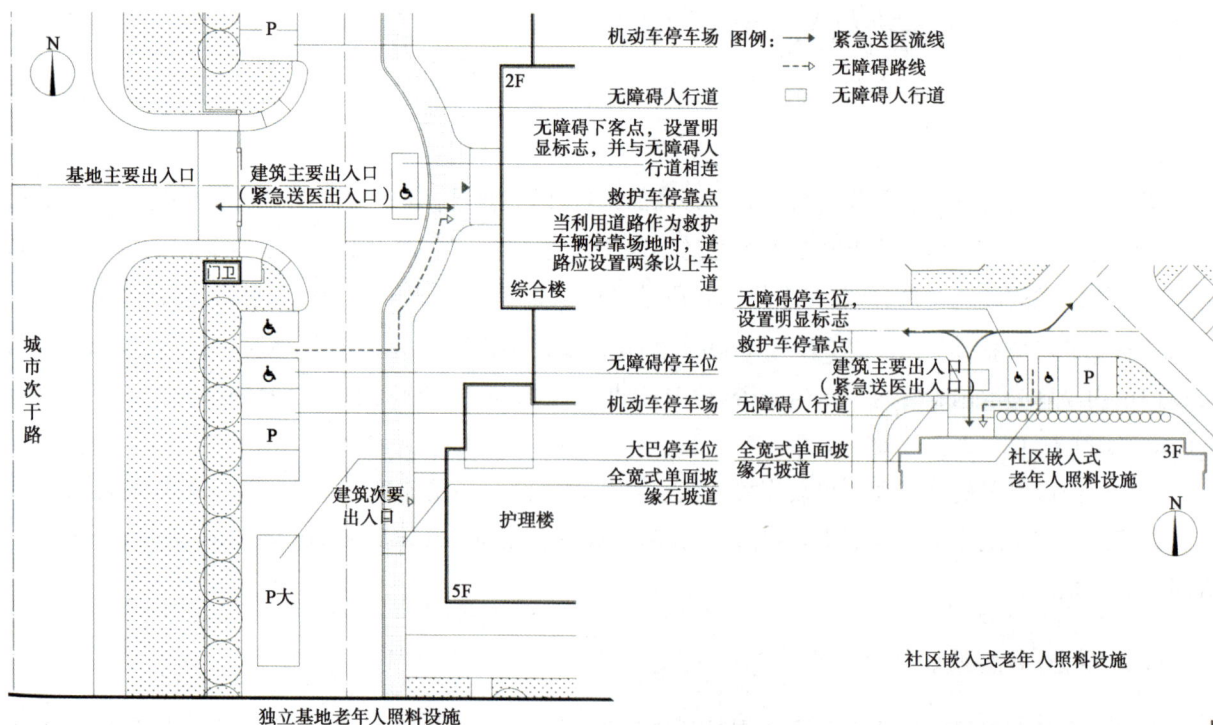

机动车停车场　图例： ──► 紧急送医流线

2F

--► 无障碍路线

□ 无障碍人行道

无障碍人行道

无障碍下客点，设置明
显标志，并与无障碍人
行道相连

基地主要出入口

建筑主要出入口
（紧急送医出入口）

救护车停靠点

当利用道路作为救护
车辆停靠场地时，道
路应设置两条以上车
道

综合楼

无障碍停车位，
设置明显标志
救护车停靠点

建筑主要出入口
（紧急送医出入口）

城
市
次
干
路

无障碍停车位

机动车停车场

大巴停车位

全宽式单面坡
缘石坡道

全宽式单面坡缘石坡道

3F

社区嵌入式
老年人照料设施

建筑次要
出入口

护理楼

5F

P大

独立基地老年人照料设施

社区嵌入式老年人照料设施

图 3-5　紧急送医流线和无障碍停车布置示意图

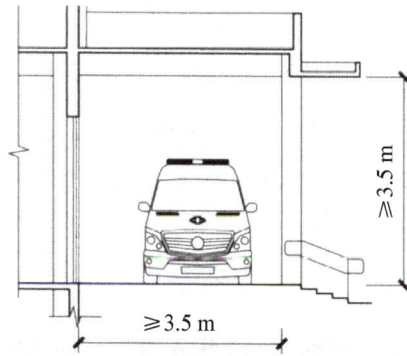

图 3-6　救护车通道净空要求

共卫生间,且需满足轮椅老年人的无障碍需求。公共卫生间的位置在活动场地附近或相邻的建筑物内均可。见图 3-7。

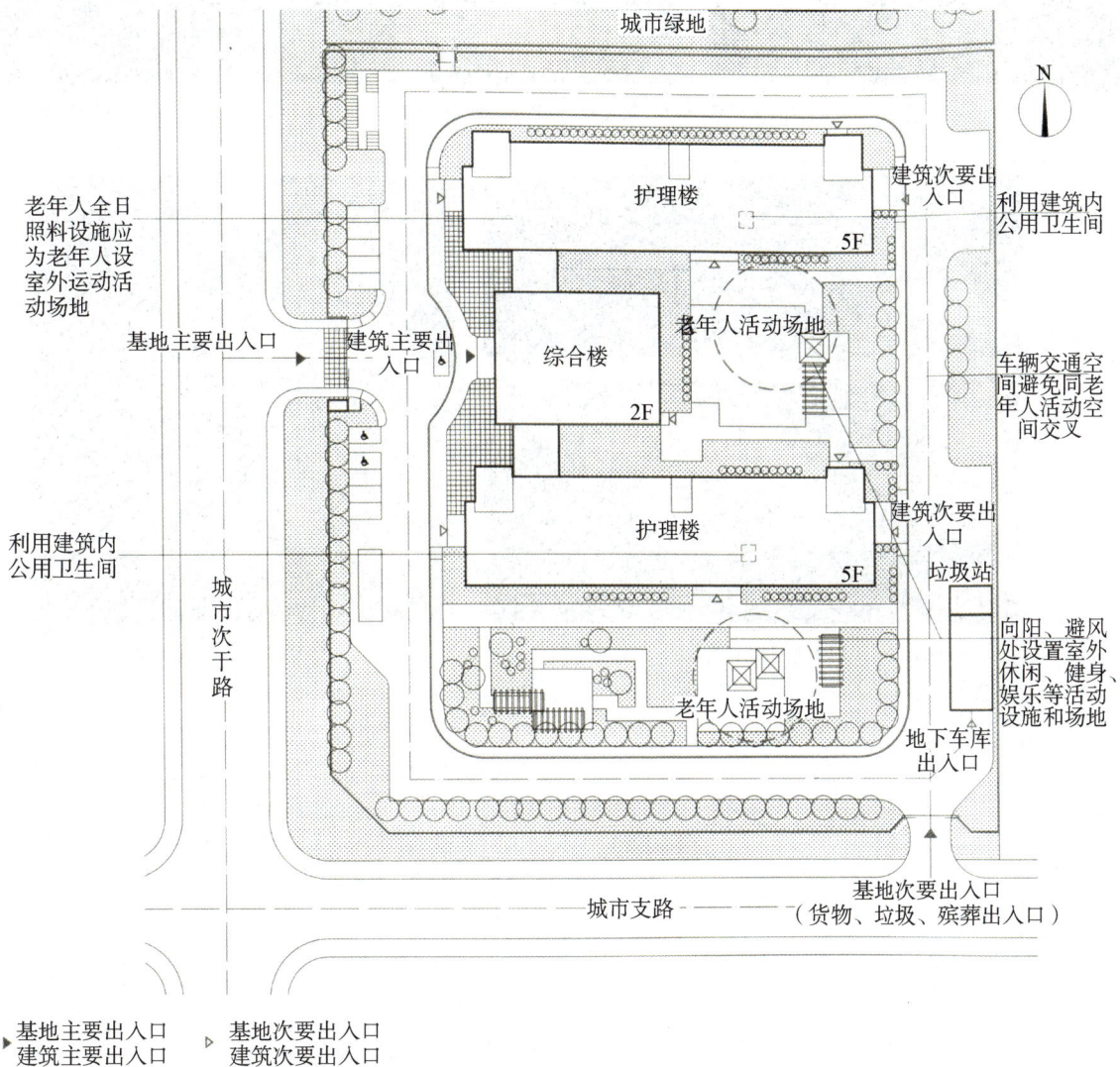

图例：　基地主要出入口　　基地次要出入口
　　　　建筑主要出入口　　建筑次要出入口

图 3-7　场地布置示意图

知识点四:养老设施绿化景观

为创造良好的景观环境,应对老年人照料设施建筑总平面进行场地景观绿化设计。绿化种植应选用适应地方气候的树种,乔、灌、草结合,以乔木为主,达到四季常青。绿化植物不应对老年人安全与健康造成危害,不应种植易产生飞絮、有异味、带刺、有毒、根茎易于露出地面的植物(见图3-8~图3-12)。对于老年人可以进入的绿化区,应保证林下净空不低于2.2 m,且不应有蔓生枝条(见图3-13)。总平面内设置观赏水景水池时,应有安全提示与安全防护措施(见图3-14)。

图3-8 杨树、柳树等产生飞絮植物　　图3-9 藤椒树、臭草等有异味的植物　　图3-10 刺槐、玫瑰、仙人掌等带刺植物

图3-11 夹竹桃、水仙花、铁杉等含毒性植物　　　　图3-12 根茎易于露出地面的植物

对于老年人可进入的绿化区,应保证林下净空≥2.20 m,并不应有蔓生枝条

净空应≥2.20 m

图3-13 林下净空要求

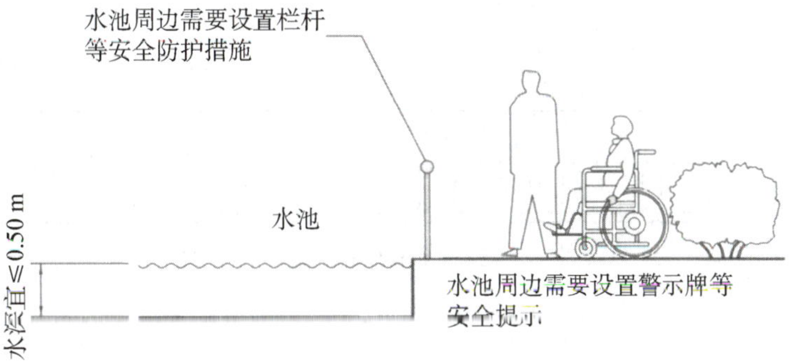

水池周边需要设置栏杆等安全防护措施

水深宜≤0.50 m

水池

水池周边需要设置警示牌等安全提示

图 3-14 水池周边应有安全提示与安全防护措施

知识点五：养老设施的建设规模

养老设施的建设规模的确定是"需求—资源—政策"三角平衡的结果，需考虑资金预算、土地条件、政策法规、建设标准、服务人口数量、功能需求、运营维护成本等。项目还可能涉及特殊设施，如康复中心、智能设备安装，这些都需要特定的空间和资源。

不同类型的设施在建设规模上会有较大差异，如社区老年食堂规模通常从几十平方米到一两百平方米不等；而社区托老所和日间照料中心的建设规模可能为 $200\sim1\,000\ m^2$。对于养老机构，养老设施的床均用地面积与建设用地的区位条件有关。对于城市中心区的养老项目，由于土地资源紧张，床均用地面积可能仅有 $15\sim25\ m^2$。对于建设在土地资源相对充裕的郊区项目，用地面积可以达到 $40\ m^2/$床。此外，这一指标还与机构的建设档次有关，经济型、福利型养老设施用地面积一般在 $30\ m^2/$床左右，而一些较高端的养老设施由于居室面积大、公共空间配比高，用地面积则会达到 $60\sim70\ m^2/$床。一般来说，养老设施适宜的床均建筑面积为 $30\sim60\ m^2$。

实践经验表明，机构养老设施的床位规模在 $200\sim300$ 床为宜。一位院长带领运营团队进行管理的适宜规模为 $200\sim300$ 床，最多不超过 500 床。过大规模的养老设施不仅会使管理难度加大、人员投入增多，也不利于老年人之间的交往与熟识。而设施床位数过少则可能造成运营效率较低，难以实现盈利等问题。

知识点六：养老设施的建设指标

1. 养老设施空间面积指标

养老设施建设过程中，建筑设计人员与投资方、运营方等非建筑行业人员对于面积指标的理解可能会有不同。因此，在探讨具体的空间面积指标之前，需要先对相关的概念进行界定。

① 建筑面积是指包含建筑结构（如内外墙体、柱）在内的面积。

② 使用面积是指不包含建筑结构（如内外墙体、柱）的面积，有时也称为净面积。

③ 对于某一建筑物或某个空间而言，其建筑面积一定大于使用面积。因为在计算建筑面积时，不仅要算入使用面积，还要算入相应的建筑结构所占的面积。

④ 房间使用面积是指养老设施中除公共交通空间之外的各类房间（包括非封闭式的空间区域）所占的使用面积。各类房间使用面积反映的是可被居住者和工作人员直接利用的面积，如每间老年人居室的面积、餐厅或库房的面积等。

⑤ 公共交通使用面积是指养老设施中的楼电梯、公共走廊等公共交通空间所占用的使用面积。它是到达、连接各类房间所需的、必不可少的面积，受建筑形式、平面布局影响较大，因此往往难以给出确定的

数值。

各类面积指标的计算关系如图3-15所示。

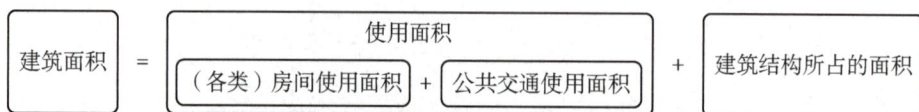

图3-15 各类面积指标的计算关系示意图

2. 使用系数

使用系数＝房间使用面积/总建筑面积。

使用系数反映的是建筑物的使用效率,应控制在合理的范围内。如果过低,说明建筑物中可以发挥使用价值的空间(即各类房间)面积过少,而公共交通面积、建筑结构所占面积过多,经济效益不高;若对空间布局效率要求过高,可能造成空间灵活性不足、空间环境品质下降等问题。实际建设中一些开发方或投资方认为所投入的建筑面积都能转化为老年人居室或各类房间,导致设计任务书中所给出的总床位数或各房间面积指标在实际设计中难以达到。

通过对国内外养老设施案例面积数据的研究,考虑到建筑平面布局形式、走廊宽度、建筑墙体厚度等因素的影响,养老设施的使用系数通常在0.6~0.7之间较为合理。例如,一个养老设施的总建筑面积为10 000 m²,那么其中只有6 000~7 000 m²是能够用在老年人居室和公共服务配套用房等各类房间的面积上的,其余的3 000~4 000 m²则为养老设施建筑内部所需的公共交通面积,以及建筑结构(内外墙体、柱)和竖向管井面积。

3. 公共交通使用面积与各类房间使用面积的指标关系

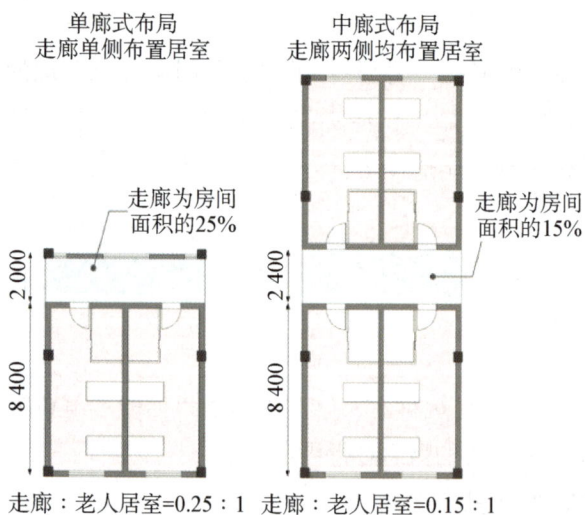

图3-16 两种情况下老年人居室面积与所需公共走廊面积之比

公共交通使用面积是指楼电梯、公共走廊等公共交通空间所占用的使用面积。它通常为各类房间使用面积的1/3左右。受建筑层数或平面布局形式的影响,公共交通面积比例会有一定浮动。例如,单廊式布局的养老设施这一数值高于中廊式布局的养老设施相应值(见图3-16)。

一般来讲,养老设施的居室(双人间)进深为8~9 m,而根据规范标准要求,养老设施公共走廊净宽须大于1.8 m,考虑扶手安装因素,单侧布置居室时,走廊两侧墙体净宽一般为2 m;双侧布置居室时,由于走廊交通流量增大,所以宽度还需适当增加,一般不小于2.4 m。从图3-16中可以看到,中廊式布局尽管走廊宽度比单廊式布局有所增加,但走廊双侧都布置老年人居室(或服务配套用房),但每间房间公摊的走廊面积仍然要比单廊式布局少,大约为房间面积的15％。此外,养老设施中的公共交通面积还包括楼电梯竖向交通面积。

4. 老年人居室与公共服务配套面积配比

老年人居室与公共服务配套面积配比是二者的比值,计算时均使用各类房间使用面积。其中,公共服务配套面积是指除了老年人居室以外,养老设施中其他所有公共服务配套的房间或空间的使用面积总和。这些配套空间包含护理组团中除居室以外的公共空间(公共起居厅、护理站等),以及养老设施的公共餐厅、多功能厅等公共空间和后勤辅助用房、行政管理用房、员工用房、设备用房等,不包含公共走廊和楼电梯等公共交通使用面积。因项目差异较大,车库、人防空间面积未计入在内。

不同类型的养老设施因其服务内容、定位等不同,对空间需求存在一定差异。通常,这一指标在40%～70%波动(见图3-17)。一些面向中高端客群的品质较高的养老设施,其公共空间的种类多,面积大,因此老年人居室与公共服务配套面积配比可能会达到30%～40%;而对于经济型、福利型的养老设施,考虑到建设、运营成本等因素,公共服务配套面积的配比相对偏低,这一指标可能高达50%～60%。这样会造成公共活动空间、服务空间、管理空间的不足,从而对养老设施的服务运营带来不利影响。通常,养老设施的公共服务配套面积与老年人居室面积不宜低于1∶1。

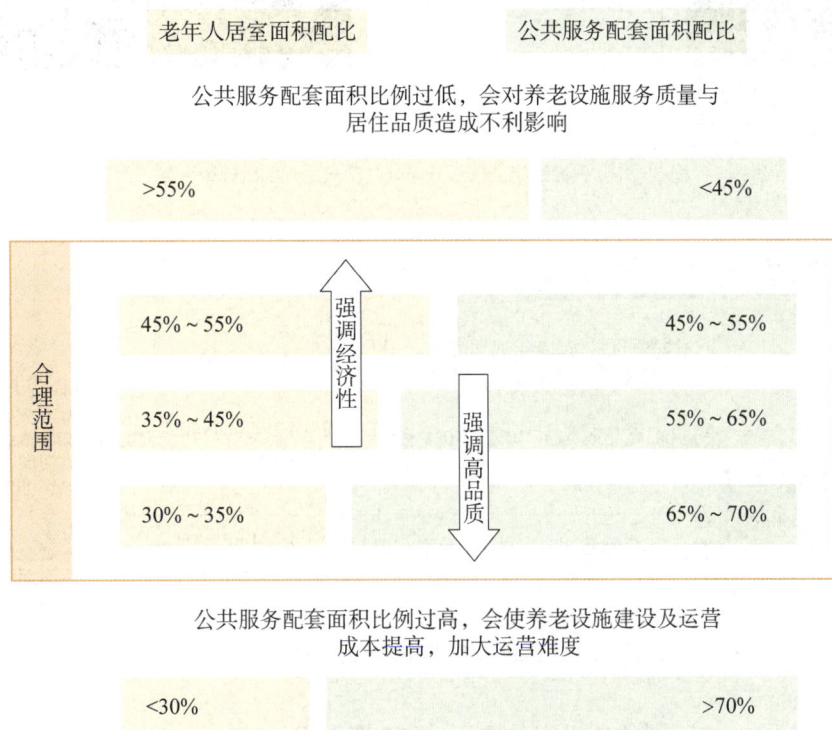

图3-17　老年人居室面积与公共服务配套面积配比规律

5. 居住部分与公用部分面积配比

从建筑整体布局划分,养老设施分为"居住部分"与"公共部分"。养老设施的居住部分是指老年人居室以及居室所在楼层的公共起居厅、护理站及配套服务空间等居住空间,这些空间一般出现在养老设施的居住标准层中。而公用部分则是指除居住部分之外的其他空间,如公共活动空间、服务用房等,这些空间主要集中布置在设施的底层或地下层(也可能有个别空间分散布置在设施的顶层或其他楼层)。因此,居住部分与公共部分的面积配比,有时也可以看作是建筑的标准层部分与其他层面积的配比(见图3-18)。通常养老设施居住部分面积(包含其所需的公共交通面积)占总建筑面积的55%～65%。

知识点七:养老设施项目面积指标及床位数的推算

在项目策划和设计阶段,往往需要在给定的建筑面积条件下,推算出能够做出多少张床位、有多少面积要分配给公共服务配套空间。以情景案例选址二为例,总建筑面积6 120 m²的养老设施,看能够做多少张床位? 图3-19为养老设施项目面积指标及床位数的推算示例。

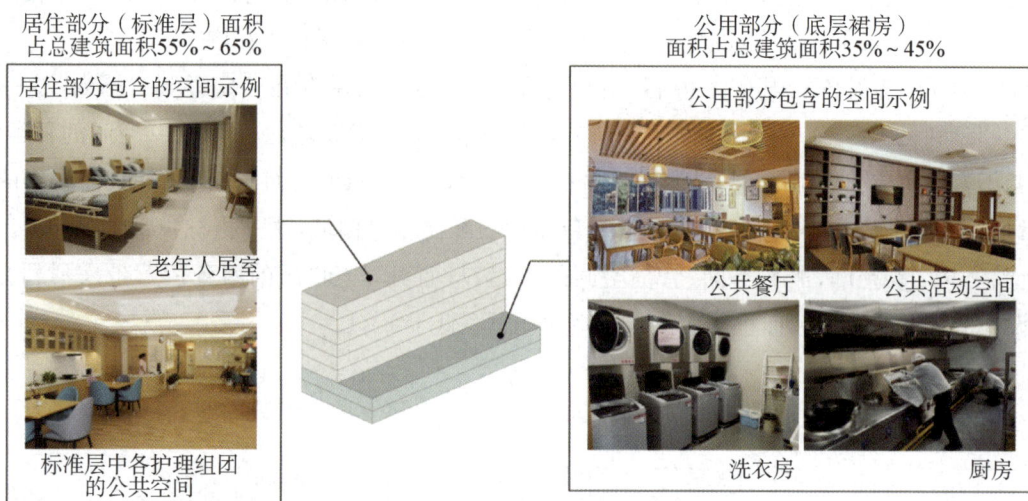

图 3-18 养老设施居住部分与公共部分面积配比规律示意

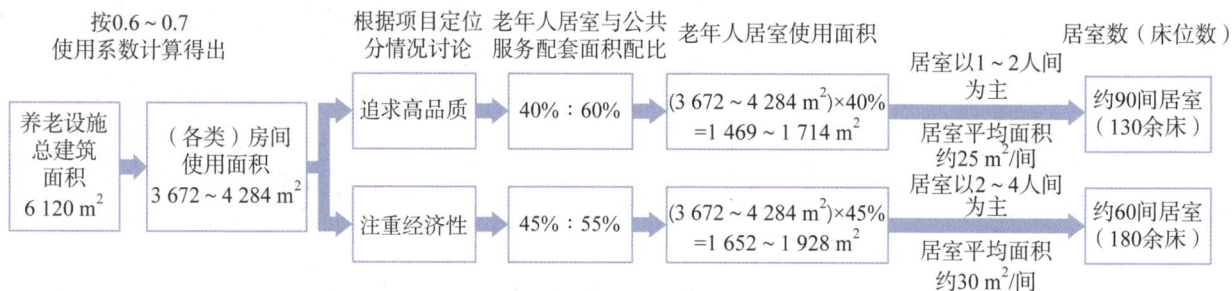

图 3-19 养老设施项目面积指标及床位数的推算示例

从上述案例可以看出，在不同的项目定位之下，总建筑面积 6 120 m² 的养老设施所能设计出的床位数亦有不同。如果是定位为中高端客群的高品质项目，公共服务配套面积配比往往会较大，老年人居室面积配比则相对较低（40%），最终能够做出约 130 床。如果是经济型项目，老年人居室面积配比则会提升（45%），其床位数则可达到 180 床以上。

任务实施

养老设施规划设计绝非简单的"画格子分房间"，而是通过科学选址、合理布局总平面和道路交通，以及细心设计绿化景观，将安全、尊严、幸福等抽象需求转化为可落地的空间语言。这样既能降低运营成本，又能让老年人在像家一样温暖的养老设施中生活，且比家更专业、更安全。

表 3-1　任务实施表

任务内容	任务分析			任务结论
任务 1　老年人照料设施基地选址。	评估维度	选项一（近郊）	选项二（核心区）	选项一（近郊）地质条件稳定，不受洪涝灾害威胁。满足老年人对阳光、空气、
	目标人群	覆盖自理、半失能、失能及认知症老年人（全需求谱系）	聚焦失能、认知症老年人（高护理需求）	

(续表)

任务内容	任务分析		任务结论
	评估维度	选项一(近郊)	选项二(核心区)	噪声等自然条件要求,同时交通方便,基础设施完善,公共服务设施使用方便。可以依托自然景观资源可打造"康养标杆建设",吸引注重生活品质的自理老年人及家庭。充足空间可配置温泉疗养、园艺治疗等特色功能,并可与市三院联动发展
	环境质量	风景区环境优,空气清新,噪音低 新建场地无障碍设计灵活	核心区可能存在噪音、空气污染 既有建筑改造可能受结构限制	
	医疗支持	依赖市三院(15分钟车程)	紧邻三甲医院(步行可达),急救响应快	
	交通便利	家属探视中短途通勤(25分钟车程到市中心)	核心区公交密集,家属步行/短途可达	
	土地扩展性	占地面积大(22 000 m²),可规划康复花园、活动中心等复合空间	建筑面积固定(6 120 m²),功能受限	
	服务辐射范围	近郊人口密度低,需主动吸引客源	嵌入老年人口密集社区,直接承接居家养老转化需求	
	灾害风险	地势平坦＋排水良好＋无洪涝威胁	需评估既有建筑防洪排涝能力及地质适应性	
任务2　选项一中,总平面布局与道路交通设计要点有哪些?	① 老年人照料设施建筑需要按功能关系进行合理布局,明确动静分区,以减少干扰 ② 老年人照料设施基地及建筑物的主要出入口不开向城市主干道 ③ 货物、垃圾、殡葬等运输宜单独设置通道和出入口,并具有良好隔离和遮挡 ④ 救护车辆能够直接通达连接可容纳担架的电梯、楼梯的建筑出入口 ⑤ 建筑出入口处应有满足救护车辆停靠的场地条件,即救护车辆通道应满足最小3.5 m×3.5 m 的净空要求 ⑥ 设置两条车道,并利用道路作为救护车辆停靠场地 ⑦ 设置机动车和非机动车停车场;无障碍停车位或无障碍停车下客点设置在机动车停车场距建筑物主要出入口最近的位置上 ⑧ 无障碍停车位或无障碍停车下客点应有明显的标志					

选项二(市区)不确定性因素较多,如既有建筑改造合规性(如消防通道、无障碍电梯加装等);周边居民对养老设施的接受度(避免邻避效应)

因此,该项目选选项一

📖 课后拓展

养老设施建筑
设计布局原则

📝 课后习题

扫码进行在线练习。

在线练习

项目四 养老设施建设空间组织关系

学习目标

学习目标
- 素质目标
  - 能从整体上把握适老化问题，全面系统协调各方要素
  - 进行前瞻性规划，有明确的目标和愿景来指导工作的方向
- 知识目标
  - 熟悉养老设施建筑空间整体布局
  - 熟悉养老设施标准层平面布局要求
  - 熟悉养老设施建筑空间流线设计
- 技能目标
  - 能够评价养老设施建筑空间布局，并提出合理改善措施
  - 能够评价养老设施建筑空间流线设计，并提出合理改善措施

情景与任务

某地为缓解对专业康养机构迫切需求的压力，政府出资将某破产旅店收购改建为老年人全日照料设施，服务于自理、失能及失智老年人。该建筑为独栋建筑，建筑面积约 3 600 m²（长 40 m×宽 15 m），6 层。原设计方提供了养老院的前期设计方案，包括建筑各层拟布置空间规划（见图 4-1），建筑标准层平面布置规划（见图 4-2）和建筑首层平面布置及流线分析图（见图 4-3）。

员工宿舍、设备机房
多功能厅（健身、舞蹈）和屋顶花园
自理老年人居住区、书画室、棋牌室
半失能老年人居住区
失能老年人居住区
接待大厅、医务室、餐厅、公共卫生间

图 4-1 某养老设施建筑立面效果图

请根据前期任务所学知识点，分析设计方提供的图纸的合理性，完成以下任务。

任务 1 根据图 4-1，分析建筑竖向布置的合理性，针对每层平面应有的功能空间进行合理规划。可直接在图纸上进行文字标注。

任务 2 分析标准层平面的功能空间是否齐全，如果有功能空间缺失，请在平面图 4-2 上进行标注。

任务 3 图 4-3 给出了老年人流线和员工护理流线图，请指出其中的问题，并提出整改措施，可对不合理的功能空间分布进行优化，在优化后绘制新的人流分析图。

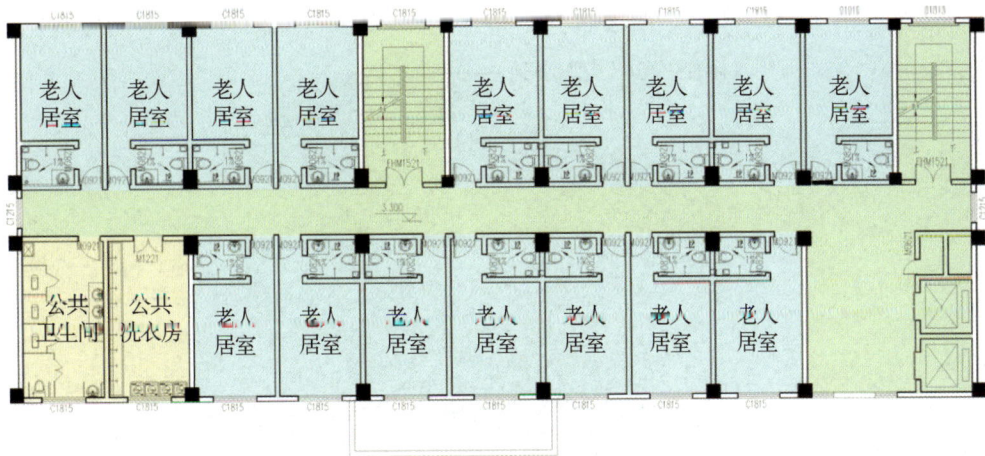

图4-2　某养老设施建筑标准层平面布置图

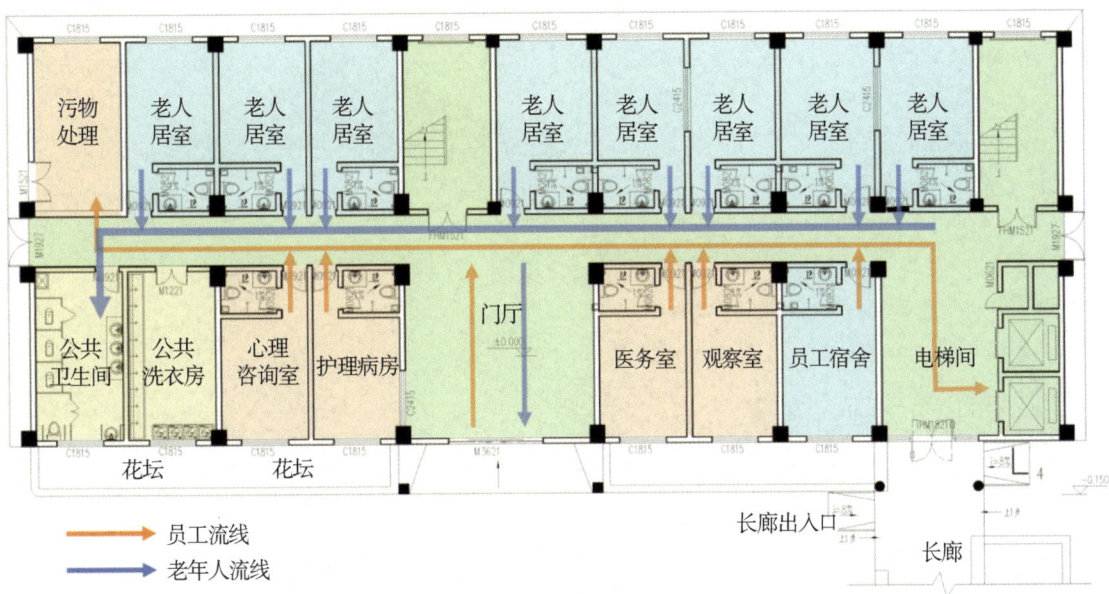

图4-3　某养老设施建筑首层平面布置及流线分析图

任务分析

明确养老设施各建筑功能空间的组织关系是开展养老设施建设的基础,包括竖向布局、平面布局和流线设计。空间组织关系设计合理可以提高服务效率,提升老年人的居住体验。

知识点一:养老设施建筑空间整体布局

1. 养老设施建筑空间竖向布局

为保证居住空间的私密和安全,也有利于将部分公共空间对外开放,通常在养老设施建筑整体功能布局中,将公共空间集中设在建筑的底层,居住空间设于建筑上层。一些公共空间也可设在中间层或顶层,但须注意人数较多时的紧急疏散问题。见图4-4、图4-5。

2. 养老设施建筑空间平面布局

以某护理型养老设施项目为例,其建筑平面功能布局如图4-6~图4-9。

标准层部分（居住空间）

底层部分（公共空间）

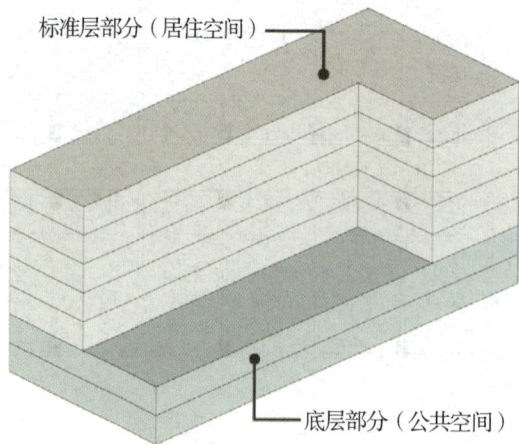

图4-4 养老设施空间竖向组合方式示例

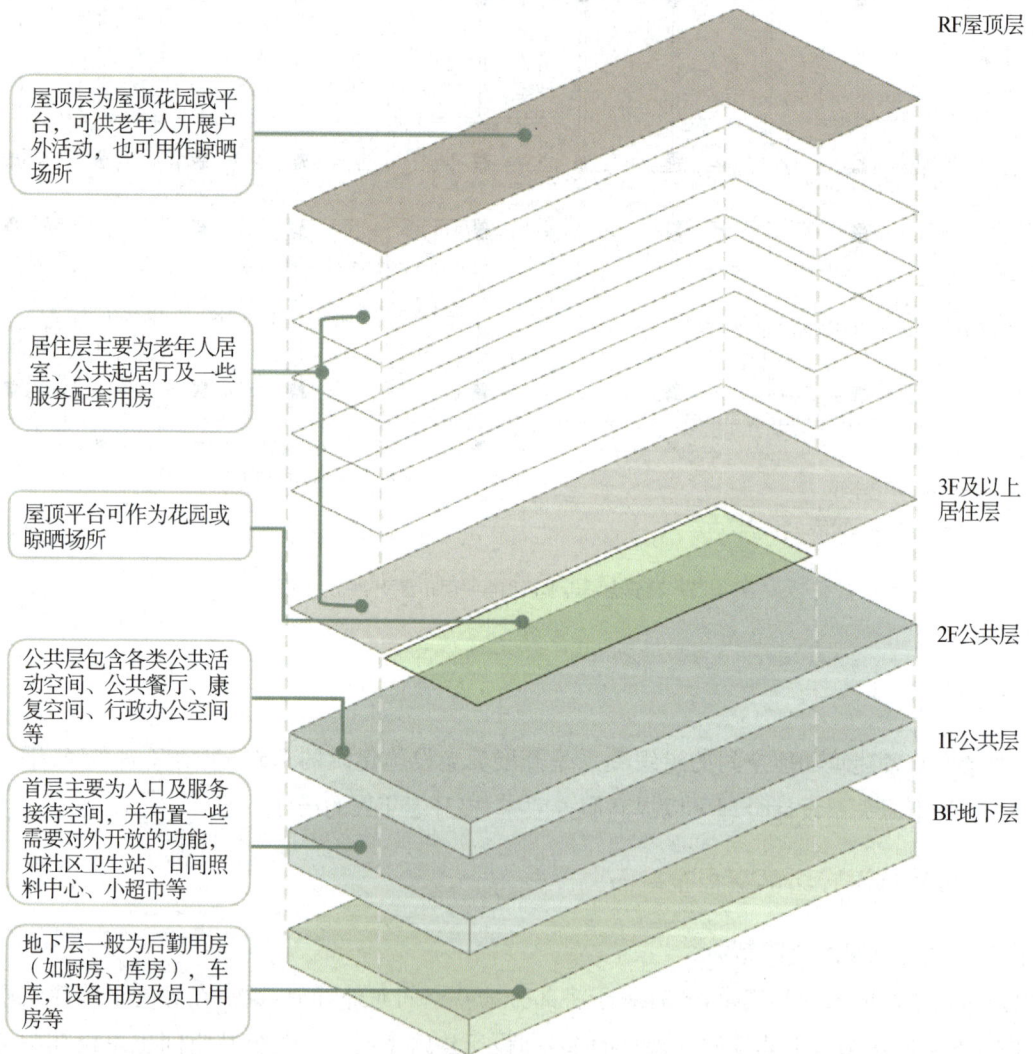

RF屋顶层

屋顶层为屋顶花园或平台，可供老年人开展户外活动，也可用作晾晒场所

居住层主要为老年人居室、公共起居厅及一些服务配套用房

屋顶平台可作为花园或晾晒场所

3F及以上居住层

公共层包含各类公共活动空间、公共餐厅、康复空间、行政办公空间等

2F公共层

1F公共层

首层主要为入口及服务接待空间，并布置一些需要对外开放的功能，如社区卫生站、日间照料中心、小超市等

BF地下层

地下层一般为后勤用房（如厨房、库房），车库，设备用房及员工用房等

图4-5 养老设施竖向整体布局示意

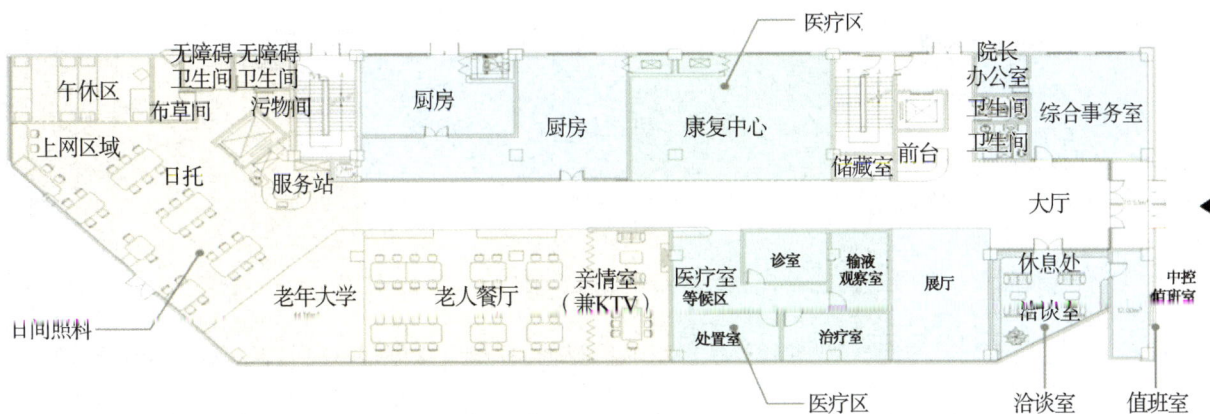

图4-6 一层平面图

一层平面：主要包含门厅接待、办公管理以及餐厨空间，此外还安排了日间照料中心，其中设有专用的活动空间、无障碍卫生间等

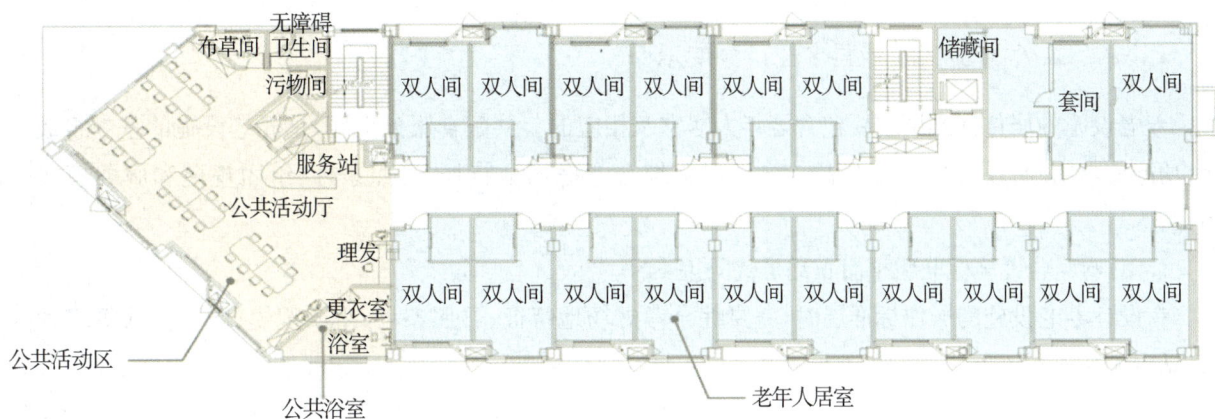

图4-7 二层平面图

二层平面：设施从二层开始布置老年人居室，并设有供所有居住者使用的公共浴室、公共活动厅等公共空间

图4-8 三至五层平面图

三至五层平面：主要为老年人居室，并设有聊天角、小型洗衣房等公共服务配套空间

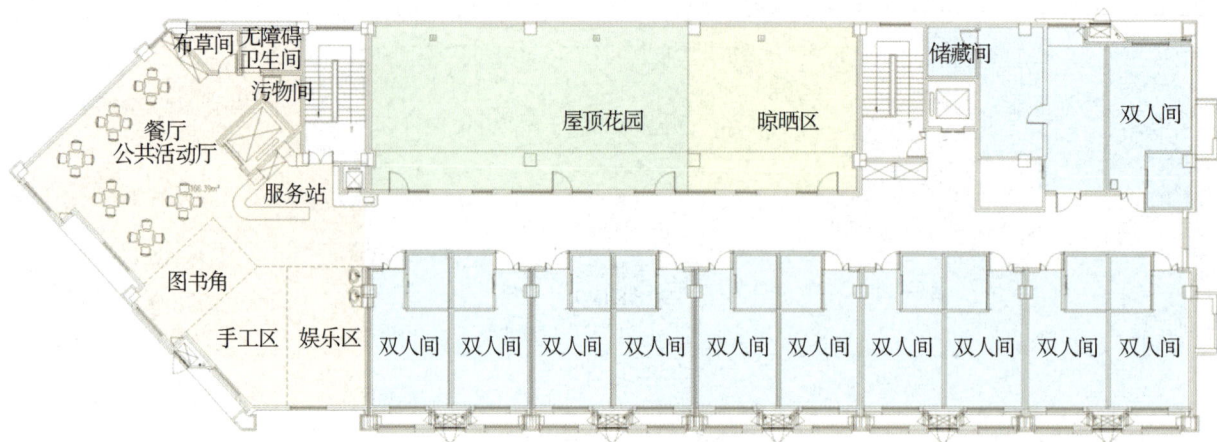

图 4-9　六层(屋顶层)平面图

六层(屋顶层)平面:屋顶层局部为室内公共活动室,此外还有屋顶花园供老年人进行室外活动

知识点二:养老设施标准层平面布局要求

养老设施的居住标准层主要包含老年人居室及相应的公共配套服务空间,是养老设施的基本组成单元,功能需求明确,设计要求也最高。设计时需综合考虑场地特征、日照条件、组团规模和服务模式等因素。

1. 影响养老设施标准层平面布局形式的因素

在设计养老设施的居住标准层时,需要综合考虑场地特征、日照条件、组团规模、服务模式等多种因素(见表 4-1)。

表 4-1　影响养老设施平面布局形式的因素

影响因素	描述	影响因素	描述
基地及其周边环境	基地形状、道路交通、景观要素等	老年人的护理需求	自理、半失能、失能、失智等
规划建设指标	限高、容积率、建筑密度等	护理组团规模、组合形式	床位数;组合形式(串联式、拼合式等)
日照条件	居住用房日照小时数要求等	服务效率需求	护理人员配比、服务动线等

2. 对养老设施标准层平面布局形式的典型性要求

(1) 须考虑日照要求的影响

对于我国大部分地区而言,充足的日照和采光条件是必要的。《老年人照料实施建筑设计标准》(JGJ 450—2018)中提出:居住用房冬至日满窗日照不应小于 2 小时。从居住习惯来看,多数老年人也都更青睐南向居室。因此,为获得更多朝向好的居室,我国养老设施的标准层往往以一字形、C 形、E 形、L 形、王字形、回字形的单廊式布局为主。

而国外一些国家对于养老设施居住用房的日照没有严格的要求,老年人对居室不同朝向的接受度较高,因此平面布局相对自由灵活,在设计时更多考虑的是用地及周边环境、护理服务效率等因素,常常出现组团式(见图 4-10)、中廊式的平面布局形式(见图 4-11)。

图4-10 组团式

不同朝向的老年人居室围绕公共起居厅布置,形成围合式的组团布局

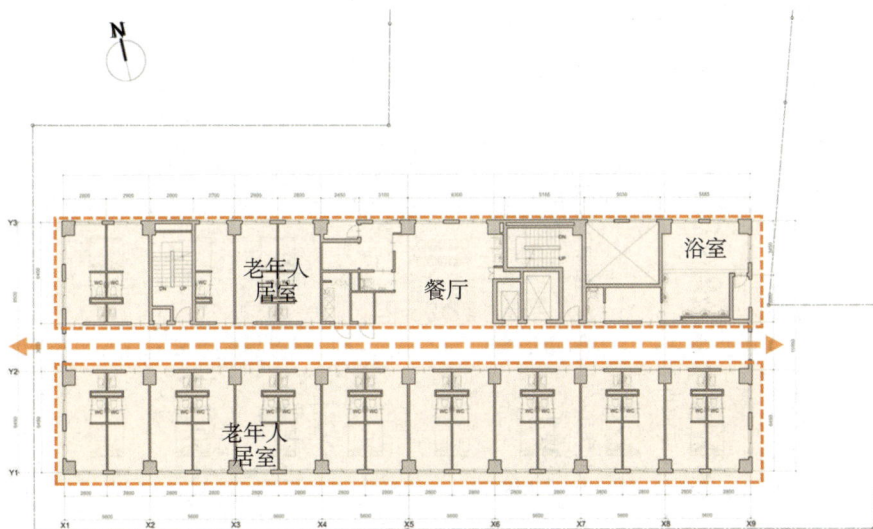

图4-11 中廊式

老年人居室沿走廊两侧布置,动线短且较为节地

（2）须注意养老设施与医院、旅馆、住宅建筑的区别

由于养老设施与旅馆、医院或住宅在一些方面具有共性,设计经验有限时,设计人员有时会直接套用这些建筑形式的设计模式:护理单元采用医院模式;公共空间和居住空间的整体布局借鉴旅馆的设计思路;老年人居住空间要有住宅般的居家感。事实上,养老设施与这些建筑存在许多差异(见表4-2)。

（3）须考虑平面布局的可变性

养老设施建成投入运营之后,随着时间的推移,往往会产生许多新的使用需求,从而对功能空间也提出新的需求。这些新的需求可能是由于入住老年人的身体健康状况变化造成的,也可能是运营模式、服务管理方式的调整带来的。因此,在最初的建筑设计中,应为未来的变化留出余地,保证建筑空间与平面布局可根据需求适当调整。

表4-2 养老设施与医院、旅馆、住宅建筑之差异

	养老设施	医院	旅馆	住宅
居住时长	长期住	短期住	短期住	长期住
服务内容	生活照料、健康保障、文化娱乐服务等	医疗护理服务为主	住宿餐饮、休闲娱乐服务为主	物业管理服务为主
管理需求及特点	分组团管理,兼顾居住舒适性及服务效率	分护理单元管理,效率优先,对服务动线便捷性要求高	分层管理,注重隐私、服务流线与客人流线相对独立	分楼栋或小区管理
房间朝向要求	居室及公共空间的日照,对朝向有较高要求	注重病房布局紧凑、集中,对朝向有一定要求	注重客房数量和出房率,对朝向要求不高	注重套型整体的日照,对朝向有较高要求
标准层平面示例				

如图 4-12 中的示例,在运营初期入住人数较少、入住老年人失能程度尚轻时,每个标准层作为一个护理组团统一管理。后期,新入住多名失能老年人的同时已入住老年人失能状况逐渐加重,照护的难度和工作量明显增加,为实现管理精细化、保证护理服务质量,需将每层部分居室局部拆改,空间功能调整为两个护理组团,并保证每个组团有相应的护理站、公共起居厅及配套服务空间。

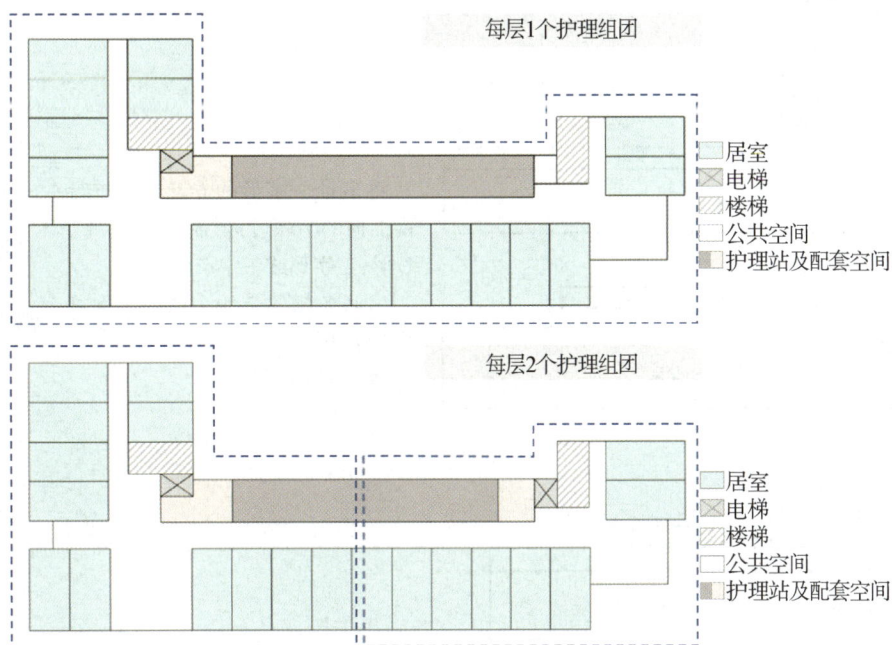

图 4-12 标准层平面布局可变性设计示例

3. 养老设施常见的标准层平面布局原则

老年人居室应充分利用南向空间布置,用地条件有限时也可将居室布置在东向或西向。考虑节地或增加床位数等因素,也可设置少量的北向居室。

公共起居厅应有较好的日照条件,应选择布置在南向或东西向,不宜设在北向。

服务配套用房(如护理站、管理室、清洁间、洗衣房等)可利用北向及日照条件不佳的位置(如建筑转角处)布置。

楼电梯应利用北向及日照条件不佳的位置布置,楼梯位置要注意满足防火疏散距离要求。须注意老年人主要使用的楼电梯应与护理站、公共起居厅邻近,以便管理。

4. 养老设施常见的标准层平面布局形式

养老设施常见的标准层平面布局形式,见表 4-3。

表 4-3 养老设施常见的标准层平面布局形式

平面布置形式		特点	适用范围
一字形	居室	由一条线性走廊串联起各个空间,南侧通常设置老年人居住空间及公共起居厅,北侧设置护理站、管理室等配套服务用房及楼电梯 由于北侧往往不布置老年人居室,因此建筑进深较小,虽然通风采光好,但不利于节地。当平面过长时会造成服务动线长,降低服务效率	适用于对护理服务依赖程度低、主要面向较为健康的自理老年人的养老设施

（续表）

	平面布置形式	特点	适用范围
L字形		将多排一字形的养老设施进行南北向的串联,可形成C形、E形、L形、工字形或王字形的平面 串联各排建筑的东西向走廊可作为公共活动空间,布置交通核、辅助服务用房等	适用于具有一定护理需求和规模的养老设施
C字形			
回字形		利用环形走廊串联起老年人居室和主要活动空间,老年人可在本层内游走散步,适合失智老年人经常徘徊的行为特点 中部的围合型庭院可为老年人提供安全的室外活动空间 平面组织形态高效,可有效提高土地使用效率	适合多层的、对房间数量要求多的养老设施 适合为护理程度较高的失能、失智老年人提供服务的养老设施
组团式	 □ 老年人居室 □ 公共起居厅 □ 服务配套用房 ■ 楼电梯 □ 走廊 ★ 护理站	以小规模的护理组团为单位,形成由老年人居室围绕护理站和公共活动空间的组团化布局 每个护理组团不宜过大,每层可以有多个护理组团 老年人居室朝向各有不同	适合为护理程度较高的失能、失智老年人提供服务的养老设施 受到朝向和日照要求的影响,多采用在南侧和东侧布置老年人居室、中部设置起居空间的半包围式组团布局

知识点三：养老设施建筑空间流线设计

1. 养老设施流线设计的分类与原则

在养老设施建筑设计过程中,流线是影响空间布局的主要因素之一,须在设计初期进行综合考虑。一旦流线设计错误,很可能造成建筑的"硬伤",不易修改,会长期影响整个设施的运营效率(见图4-13)。

不同的流线交叉、冲撞、加大管理难度		洁污流线不分或混杂,存在卫生隐患	
流线长而曲折,使服务费时费力		流线不连贯、不清晰,令人迷失,找不到目的地	

图4-13　常见流线设计错误体现

(1) 流线的分类

养老设施内的流线关系相对复杂。一般而言,流线可根据使用人群分为公共流线和后勤服务流线两大类。在此基础上,可再进行更进一步的划分(见图4-14)。

公共流线			
①老年人流线	②家属流线	③参观流线	④社工、义工流线
主要包括老年人进出养老设施、出入公共活动空间和居住空间的流线。老年人流线须注重安全,保证无障碍,避免经过危险且无人看管的路径	主要指家属、亲友探望老年人的流线,包括陪同老年人吃饭、聊天、参加集会等活动的流线,也包括儿童探望老年人时在设施中玩耍的流线	一般面向三类人群:入住前进行考察的客群,前来视察的领导和前来交流、学习的业内人士。参观流线应较为固定,能使人便捷地了解养老设施的全貌,且对老年人的生活干扰较少	主要指社工、义工前来工作、陪伴老年人,组织老年人进行活动的流线。此流线与老年人活动流线部分重合,并涉及一些后勤服务流线。此外,须考虑串联好外来社工、义工的办公、更衣、存包、集合、休息等空间

后勤服务流线			
为老服务流线	①护理服务流线	②送餐流线	③洗浴流线	④洗衣流线
员工专用流线	⑥进货流线	⑤污物流线	⑦员工上下班流线	

图4-14　养老设施流线分类

(2) 流线设计总体原则

① 合理的流线设计须有助于提高运营效率,节约人力成本。例如,护理服务流线应尽量短捷,最好呈放射式或循环式,如果过长、过曲折,会增加工作人员的劳动强度和工作时间,也会导致护理服务所需的工作人员数量上升,增加人力成本。

② 与同一条流线相关的空间和楼电梯宜尽量竖向集中布置、上下连通。根据功能要求,同一条流线需要经过的空间和楼电梯最好相互串联、集中布置,尽量避免影响其他功能区域。例如,在送餐流线中,餐梯上下宜连通厨房和各层餐厅,以便食物便捷送达。污梯可考虑接近污物间和后勤出口,便于垃圾的

运输。

③ 后勤服务流线尽量独立,避免与公共流线交叉。送餐、洗衣、进货等后勤服务流线须尽量避免与老年人、老年人家属、参观人员等公共流线交叉,以保证洁污分区,提高运营管理效率。

④ 与其他配套公建的流线关系。养老设施与其他合建的配套公建,如社区卫生服务站、社区养老服务中心,以及超市、茶室、药店等均须考虑流线顺畅。如果配套公建在养老设施外部设置时,可考虑设置带顶连廊进行连接,以保证老年人雨雪天出行的便利和安全。如果配套公建与养老设施设在同一栋建筑中时,可考虑在养老设施内部设置进入路线,方便老年人使用,但须注意采取相应管理措施,防止外部人员擅自进入养老设施(见图 4-15)。

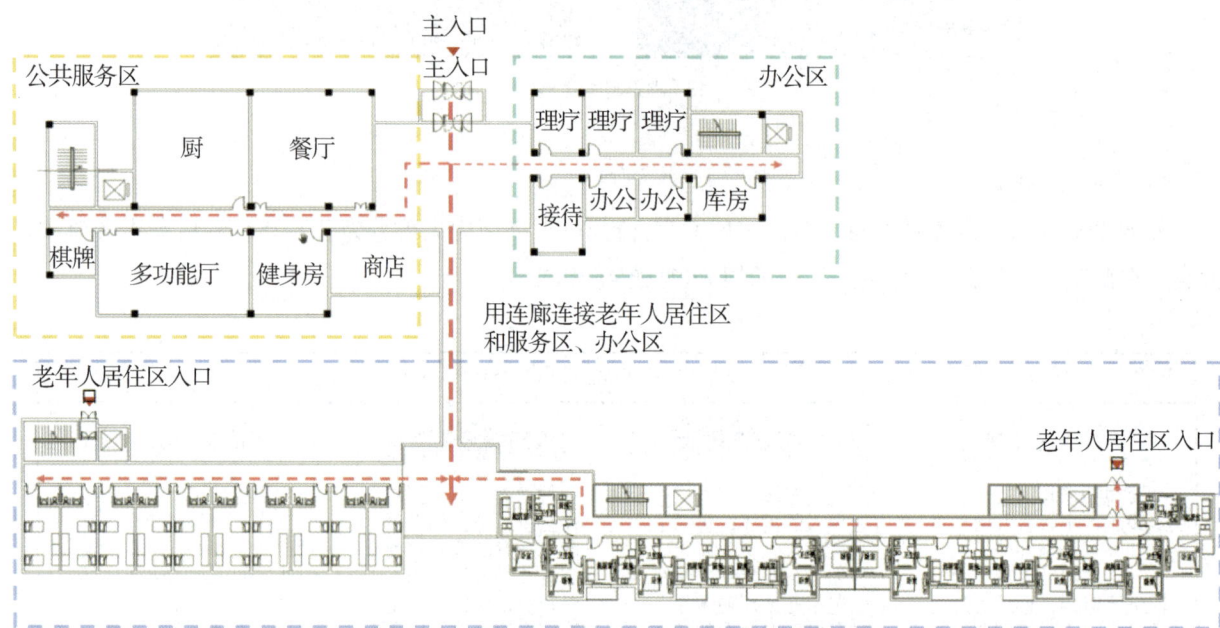

图 4-15 配套公建在养老设施内部和外部均设置出入流线

2. 养老设施建筑空间的流线设计

(1) 公共流线设计

公共人流进入主入口后,须可以通过走廊空间的开放程度、视线、地面铺装和标识系统等方面的设计快速找到所去方向,引导人流。

① 家属流线需多样、丰富。老年人盼望有家人陪伴,因此家属流线设计尽量利于家属陪伴老年人一起参加各类活动,延长家属与老年人的团聚时间,如去餐厅就餐、去教室听课、去多功能厅集会、去超市购物等。此外,须为带儿童的家属设计好儿童活动流线,既要避免儿童吵闹影响老年人休息,又要提高儿童来养老设施的兴趣,延长他们陪伴老年人的时间(见图 4-16)。

② 参观流线须全面、便捷。参观流线设计须让参观人员能够迅速地对养老设施形成全面的了解,使他们对设施留下良好的印象。设计时要有起点和终点,做到动线便捷,不走回头路。参观流线要串联起门厅、公共餐厅、多功能厅、公共浴室等主要的生活、活动空间,以及样板间、展厅等展示空间,还有部分居住和护理服务空间。根据参观时长和客群要求,参观流线可设计成不同的长度和路径。短的参观路线利于参观人员快速了解主要的公共空间和展示空间;长的参观路线可以让人们进一步了解老年人的起居生活和运营管理服务的情况(见图 4-17)。

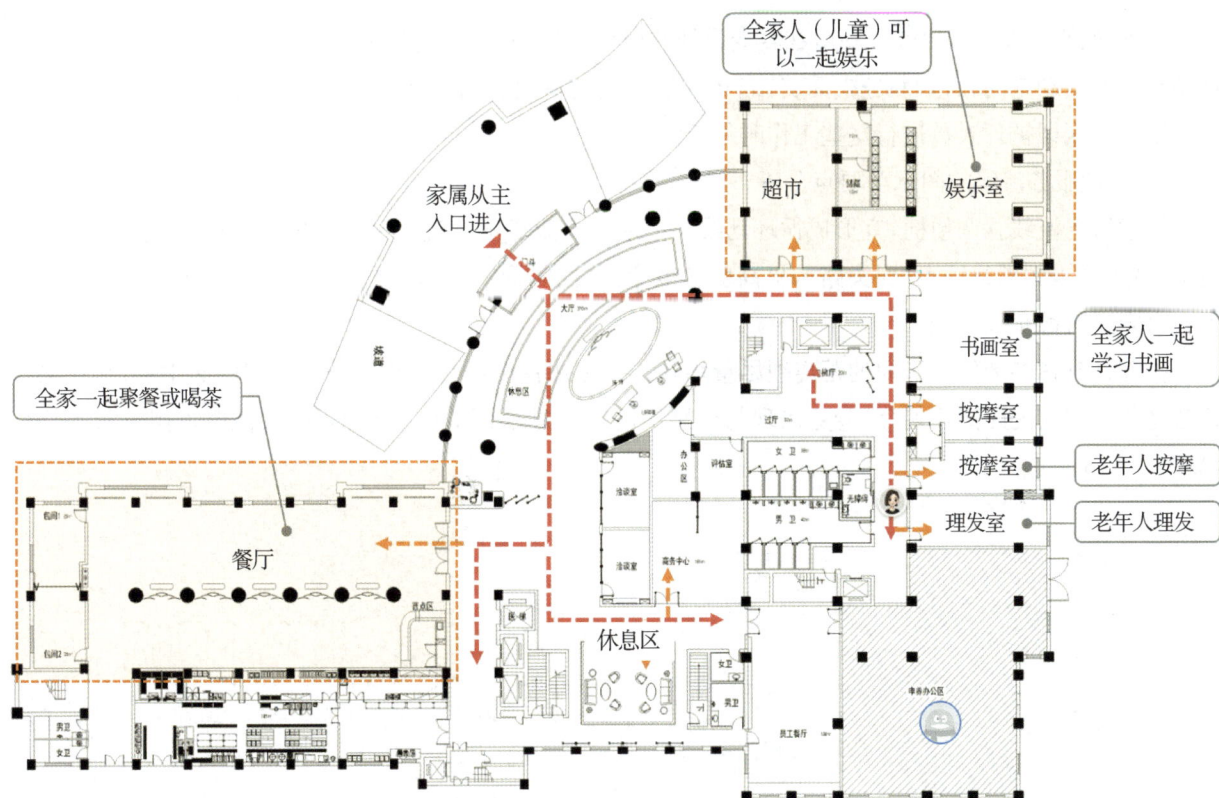

图 4-16 家属与老年人活动流线示例

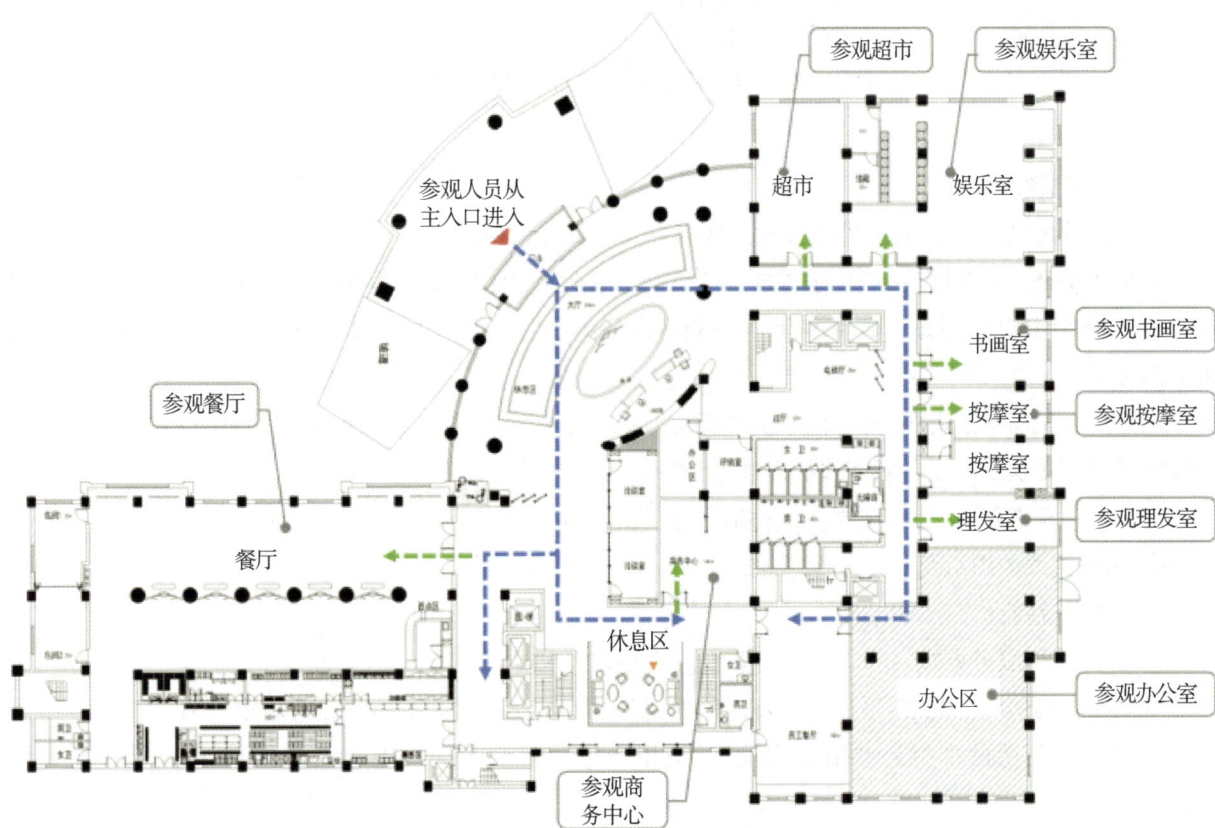

图 4-17 参观流线示例

（2）护理服务流线设计

① 常见的护理服务模式。一般在养老设施的居住楼层中会配置护理站，护理人员以此为据点，在护理站和公共活动空间、后勤服务空间、各老年人居室之间往返进行服务、查看、护理等工作。这里所讲的护理服务流线即护理人员进行这些工作时往返的动线。

② 护理服务流线的图示及要点分析。

护理服务流线强调便捷，宜形成循环动线。护理服务流线不宜过长。如果能够形成"回字形"循环动线，可避免员工频繁往返走"回头路"，提高服务效率。"回字形"流线也更加适合轮椅老年人和失智老年人在室内进行散步和徘徊。

护理站到达各老年人房间的距离须尽量均等。护理站宜设计在老年人居住组团的居中部位，使其去往各老年人房间的距离均匀，应避免出现与个别房间距离过远而造成照顾不及时、往返负担过重等问题（见图4-18）。

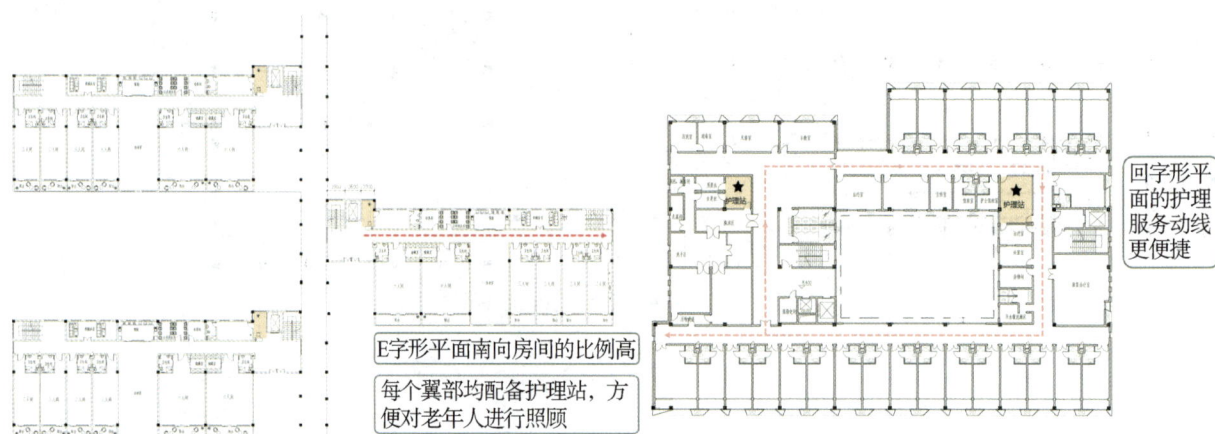

E字形平面南向房间的比例高

每个翼部均配备护理站，方便对老年人进行照顾

回字形平面的护理服务动线更便捷

图4-18 护理服务流线与空间布局的关系

（3）送餐流线设计

① 常见的送餐服务方式。养老设施的送餐方式主要有三种：

一是送餐至公共餐厅（一般位于首层），可以满足老年人、家属、客人等多种人群的用餐需求。公共餐厅一般用餐时间集中，用餐人数较多，须保证厨房送餐流线的近便。如厨房与公共餐厅在不同楼层，可设置专用餐梯。

二是送餐至居住层就餐空间，便于护理程度较高的老年人在自己居住的楼层内就近用餐，一般会使用餐车送餐至每层的专用备餐间或护理站进行备餐、分餐操作。

三是送餐至老年人房间，主要使用餐车，一般服务于长期卧床、行动不便的老年人。

② 送餐流线的图示及要点分析，见图4-19。

（4）洗浴流线设计

① 常见洗浴服务方式。养老设施的老年人洗浴方式主要有三种：

一是在自己房间内洗浴，适用于自理老年人，利于保护老年人的隐私，也更有居家氛围。

二是在居住层的小型公共浴室内洗浴，适用于行动不便的护理老年人，便于护理人员进行助浴操作。

三是在集中公共浴室（一般位于首层、地下层或顶层）内洗浴，可以满足更为多样、丰富的洗浴需求，如水疗、游泳、按摩等。

② 洗浴流线的图示及要点分析,见图4-20。

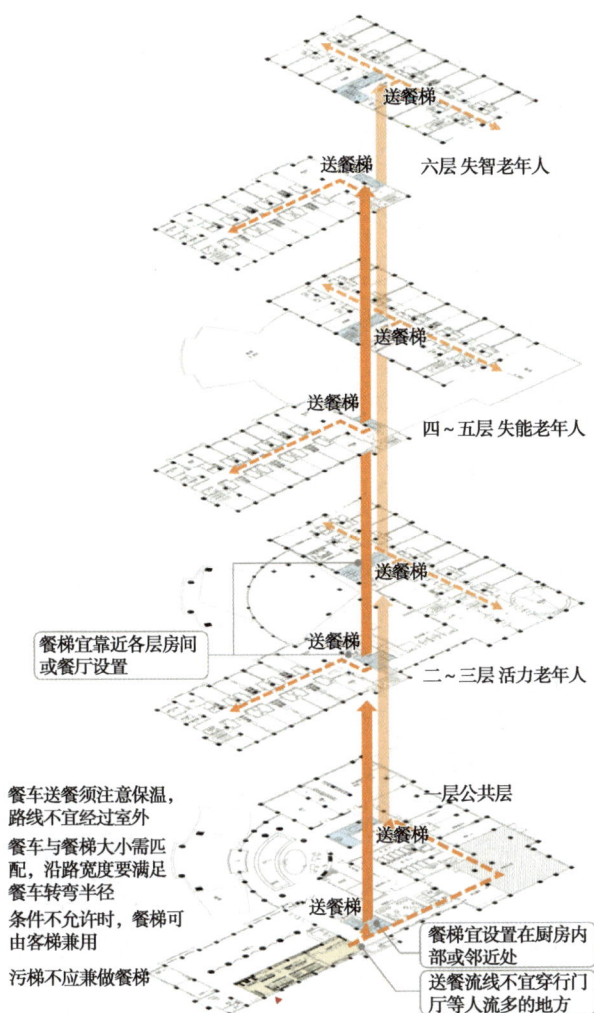

图4-19　送餐流线图示分析

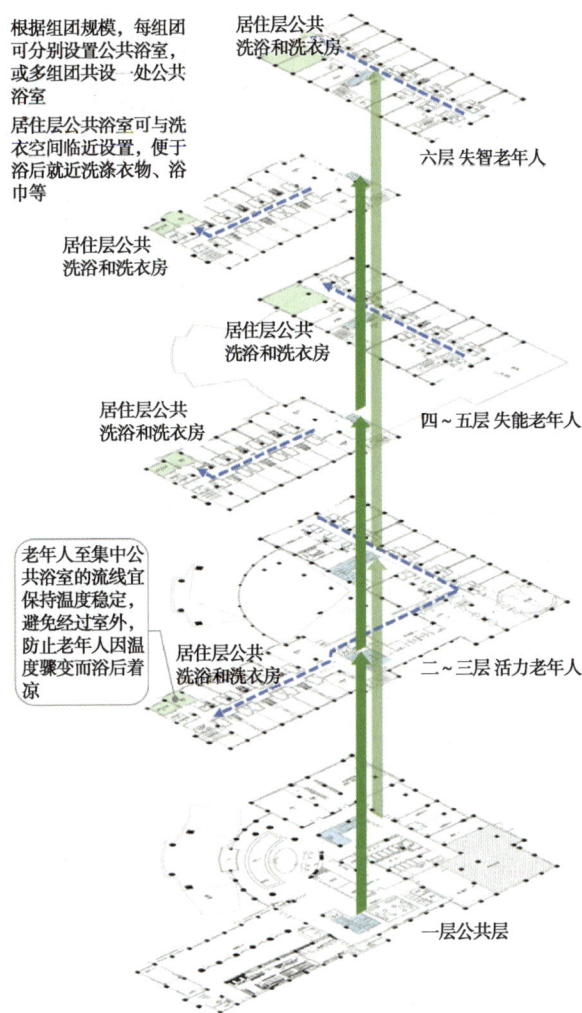

图4-20　洗浴流线图示分析

（5）洗衣流线设计

① 常见洗衣服务方式。据调研,养老设施每天须清洗的衣服、毛巾、浴巾、抹布等物品数量较多,每周还要换洗大件的床单、被套等物品,洗衣的工作量较大。因此,便捷的洗衣流线对减轻护理人员工作负担具有重要意义。

养老设施内的洗衣方式较为多样,洗衣空间和设备的配置状况也分为多种,主要有以下四类:

一是在老年人房间内配置洗衣机,由老年人自行洗涤小件衣物。

二是在居住层设置小型洗衣房,由护理人员收集衣物后洗涤。部分养老设施中也鼓励自理老年人自助使用洗衣房。

三是设置集中洗衣房,通常位于地下层或顶层,用来洗涤大件床单、被服等,除洗衣机外,通常还配有烘干、消毒和熨烫衣物的设备。

四是设置被服暂存处,外包洗涤,即将衣物、被服收集后外送至专门的洗衣厂进行洗涤。

② 洗衣流线的图示及要点分析,见图4-21。

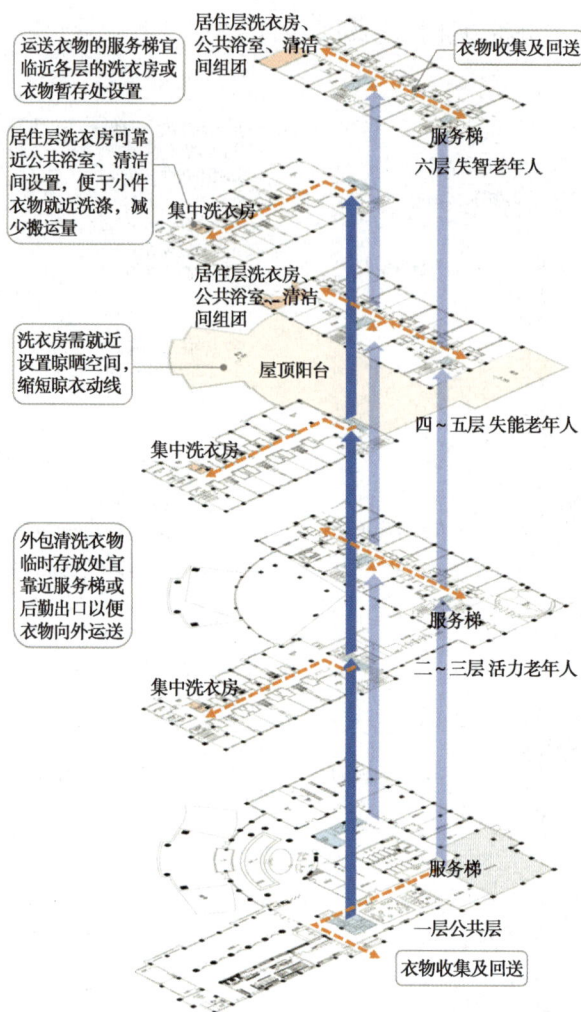

图 4-21 洗衣流线图示分析

（6）污物流线设计

① 污物流线一般流程。养老设施内的垃圾可以分为生活垃圾、厨余垃圾和医疗垃圾等。弄脏的纸尿布、衣物、被服和医疗服务产生的医疗垃圾都需要进行专门处理。污物流线须考虑这些垃圾的收集、处理与运出方式。其一般流程如图 4-22 所示。

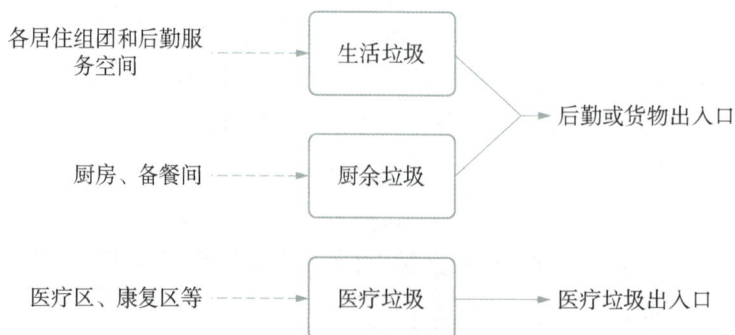

图 4-22 污物流线示意图

② 污物流线的图示及要点分析,见图 4-23。

（7）进货流线设计

① 进货流线一般流程。养老设施购入的货物比较多样，有日常的食品、生活用品、护理用品等，也有家具、电器等大件设备（如钢琴）。货物进出口可单独设置，也可与后勤出入口合设。货物进入后须能够快速地分流至所要到达的空间。

② 进货流线的图示及要点分析，见图4-24。

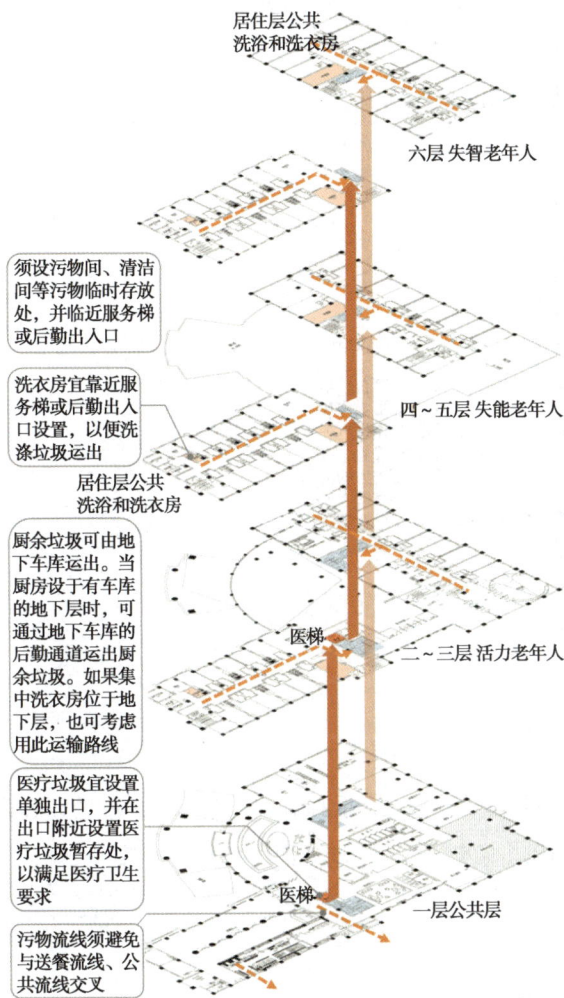

图4-23　污物流线图示分析

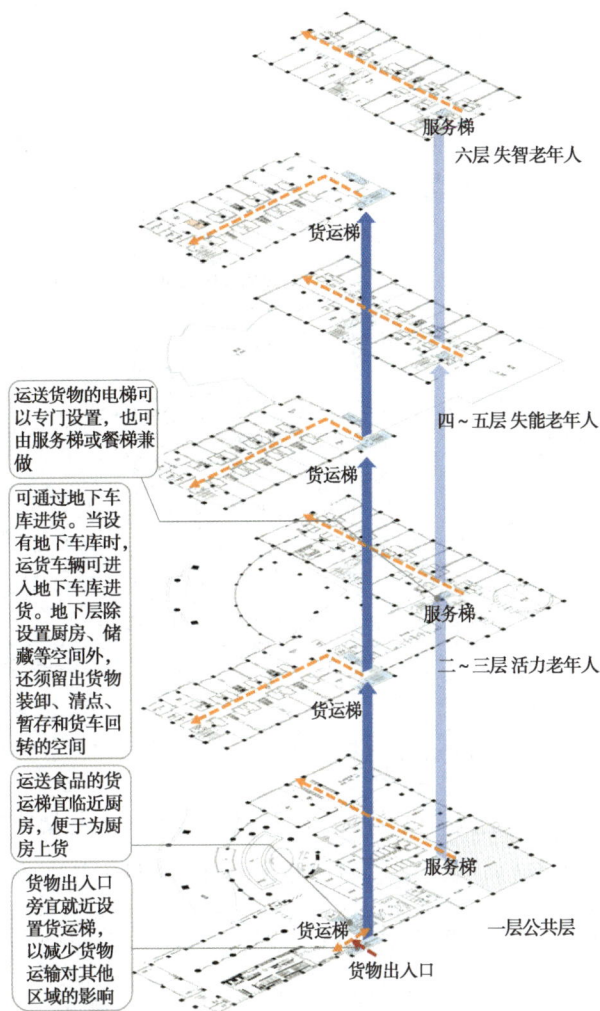

图4-24　进货流线图示分析

（8）员工上下班流线设计

① 员工上下班流线的一般流程。员工上下班流线在设计中容易被忽视，常导致流线曲折、不通畅，给工作、管理带来不便。员工虽然属于健康人群，行动自如，但也要注重流线的优化，提升工作效率。员工有住在养老设施内部宿舍的，也有在外居住的，因此上班分为内部进入和外部进入两种。两种流线都要让员工能够方便地集散、打卡、更衣和分流至各层的工作岗位。

② 员工上下班流线的图示及要点分析，见图4-25。

任务实施

在适老化设计中，空间组织关系（功能分区与布局逻辑）与流线设计（活动路径规划）是保障老年人安全、便利与心理舒适的核心要素，成功的改造需以老年人需求为核心，通过科学的空间组织实现功能高效

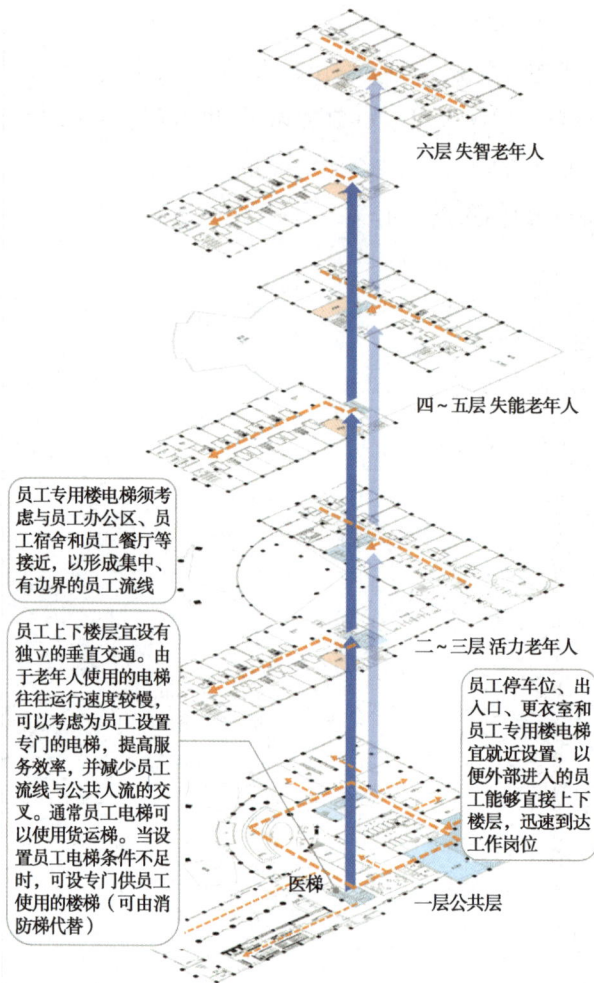

图 4-25 员工上下班流线图示分析

联动，通过流线设计减少交叉冲突、提升安全与便捷性。同时，需结合建筑原有条件，灵活调整布局，兼顾合规性[如《老年人照料设施建筑设计标准》(JGJ 450—2018)]与实际运营需求，最终打造一个安全、舒适、有尊严的养老生活环境。

表 4-4 任务实施表

任务内容	任务分析	任务结论示例
任务 1 根据图 4-1，分析建筑竖向布置的合理性，针对每层平面应有的功能空间进行合理规划。可直接在图纸上进行文字标注。	为满足照料服务和运营模式要求，老年人照料设施建筑应设置老年人用房和管理服务用房，其中老年人用房包括生活用房、文娱与健身用房、康复与医疗用房。为护理型床位设置的生活用房应按照料单元设计；为非护理型床位设置的生活用房宜按生活单元或照料单元设计。生活用房设置应符合下列规定： ① 当按照料单元设计时，应设居室、单元起居厅、就餐、备餐、护理站、药存、清洁间、污物间、卫生间、盥洗、洗浴等用房或空间，可设老年人休息、家属探视等用房或空间 ② 当按生活单元设计时，应设居室、就餐、卫生间、盥洗、洗浴、厨房或电炊操作等用房或空间 ③ 当提供康复服务时，应设相应的康复用房或空间 ④ 应设医疗室，可根据所提供的医疗服务设其他医疗用房或空间 老年人全日照料设施的管理服务用房设置应符合下列规定： ① 应设值班、入住登记、办公、接待、会议、档案存放等办公管理用房或空间	竖向分区示例

（续表）

任务内容	任务分析	任务结论示例
	② 应设厨房、洗衣房、储藏室等后勤服务用房或空间 ③ 应设员工休息室、卫生间等用房或空间,宜设员工浴室、食堂等用房或空间	
	参考养老设施建筑空间整体布局	
任务2　分析标准层平面的功能空间是否齐全,如果有功能空间缺失,请在平面图4-2上进行标注。	在设计养老设施的居住标准层时,需要综合考虑场地特征、日照条件、组团规模、服务模式等多种因素;须注意养老设施与医院、旅馆、住宅建筑的区别;须考虑平面布局的可变性;遵循养老设施常见的标准层平面布局原则;参考一字形平面布局形式;生活用房需配置居室、卫浴,照料单元需配置护理站、药存间,生活单元需配置休息区	平面设计示例
任务3　图4-3给出了老年人流线和员工护理流线图,请指出其中的问题,并提出整改措施,可对不合理的功能空间分布进行优化,在优化后绘制新的人流分析图。	参考养老设施流线设计的分类与原则,及养老设施建筑空间的流线设计。老年人流线安全便捷(无交叉),员工流线高效(护理站为核心位置),后勤/污物流有独立出入口 老年人流线:主入口→电梯厅→居住区/活动区 员工流线:入口→值班室→护理站→居室 污物流线:污物间→专用电梯/楼梯→底层污物出口(与主入口分设)	流线设计示例

课后拓展

养老设施常见建筑
功能空间及其
组织关系示例

课后习题

扫码进行在线练习。

在线练习

模块三

养老设施室外环境适老化设计

　　室外环境适老化设计是为了满足老年人在社区室外空间的特殊需求而进行的专门设计。它要充分考虑老年人身体机能衰退的特点，为社区中的老年人打造一个安全、便捷、舒适的生活环境。

　　进行室外环境适老化设计，一方面是因为老年人身体机能衰退，造成行动不便、视力减弱等问题，这些问题使得他们对室外环境的要求更高。适老化设计能够适应这些变化，为老年人提供必要的辅助和支持。另一方面，良好的室外环境可以鼓励老年人积极参与户外活动，促进身心健康。此外，随着社会老龄化的发展，适老化设计也成了满足老年人群体需求、体现社会文明进步的必然要求。

图 0-1　适老化道路设计示例

图 0-2　休憩活动场地设计示例

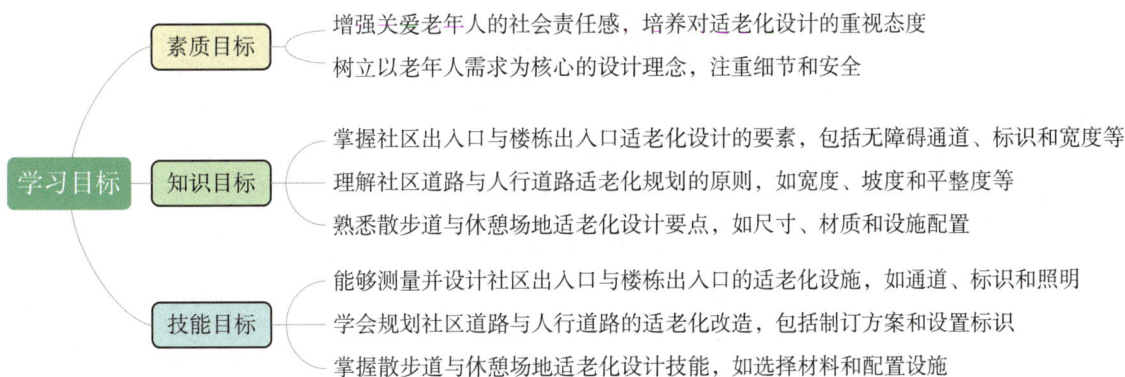

项目五　空间布局与流线适老化设计

学习目标

素质目标
- 增强关爱老年人的社会责任感，培养对适老化设计的重视态度
- 树立以老年人需求为核心的设计理念，注重细节和安全

学习目标

知识目标
- 掌握社区出入口与楼栋出入口适老化设计的要素，包括无障碍通道、标识和宽度等
- 理解社区道路与人行道路适老化规划的原则，如宽度、坡度和平整度等
- 熟悉散步道与休憩场地适老化设计要点，如尺寸、材质和设施配置

技能目标
- 能够测量并设计社区出入口与楼栋出入口的适老化设施，如通道、标识和照明
- 学会规划社区道路与人行道路的适老化改造，包括制订方案和设置标识
- 掌握散步道与休憩场地适老化设计技能，如选择材料和配置设施

情景与任务

阳光社区居住着大量老年人，其中李大爷患有膝关节疾病，行动较为不便，需使用轮椅辅助出行；王奶奶视力不佳且患有轻度认知障碍。小区出入口较窄，没有设置无障碍通道，车辆和行人混行。在实际生活中，李大爷的轮椅无法顺利通过，王奶奶也经常因找不到出口而迷茫。社区内道路狭窄且不平整，部分路段没有路灯，夜晚李大爷和王奶奶出行都存在安全隐患。小区内有一片绿地，但没有设置休憩设施，李大爷和王奶奶散步累了只能坐在路边，起身困难。

请针对社区老年人的身体情况以及社区的现有状况，完成设计改造任务。

任务1　完成社区出入口与楼栋出入口的改造设计。

任务2　完成社区道路与人行道路的规划设计。

任务3　完成散步道与休憩场地的改造设计。

任务分析

知识点一：室外适老化设计的通用要点

1. 安全性原则

（1）地面防滑处理

湿滑地面是老年人跌倒的主要诱因之一，需通过材料选择降低风险。在进行室外地面材料选择时，应优先选用防滑性能佳的材料，如烧毛石材、防滑透水砖。在社区出入口、道路等老年人活动频繁区域，需采用高防滑等级材料（摩擦系数≥0.7）。

（2）消除高差风险

高差也是导致老年人绊倒的主要原因之一。在实际项目中，应尽量减少出入口和行人道路的地面高差，保证地面平整。若因地形原因无法避免地面高差，可优先设置缓坡（坡度≤1∶12，见图5-1；部分地区标准可能为 1∶20,可视具体情况确定),且缓坡表面应平整、防滑,避免老年人行走时出现绊倒或使用轮椅的老年人上坡过程中因过度用力而产生危险。必要时使用台阶踏步(踏步高度≤150 mm,宽度≥300 mm),并在坡道和台阶边缘加装扶手、防滑条及 LED 灯带,通过坡度控制和警示设计减少隐患。

图 5-1 无障碍通道坡度不大于 1∶12

资料卡

坡度的定义与表示方法

1. 定义

坡度是指倾斜表面相对于水平面的倾斜程度,通常用垂直高度差与水平距离的比值表示,反映表面的陡峭或平缓程度。

2. 表示方法

① 百分比法(i):用垂直高度差占水平距离的百分比表示,如 $i=5\%$(即每 100 m 水平距离上升或下降 5 m)。

② 比例法($1∶n$):用垂直高度与水平距离的比例表示,如 1∶12(即垂直高度 1 单位,水平距离 12 单位),常见于无障碍坡道设计。

③ 角度法(α):用倾斜面与水平面的夹角表示(如 $\alpha=30°$),但建筑设计中较少直接使用,多通过比例或百分比换算。

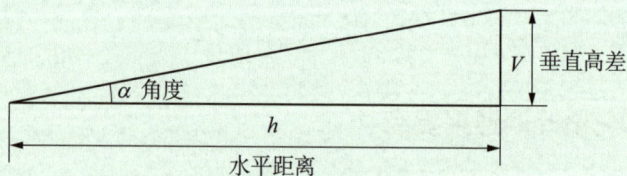

图 5-2 坡度示意图

(3) 设施安全稳固

座椅、健身器材等设施需确保结构稳定,边角应做倒圆处理(半径≥5 mm),避免尖锐边缘;并建立定期巡检制度,防止部件松动、脱落造成安全隐患。室外滤水箅子的孔洞直径不应大于 15 mm,防止轮椅前轮或助行器支架陷入孔洞导致侧翻,同时避免老年人鞋跟卡阻引发绊倒风险。

对于存在安全风险的区域与设施(如变电设备、健身器械区),需依据《安全标志及其使用导则》(GB 2894—2008)设置标准化警示标识,如在变电设施周边悬挂黄底黑字的"高压危险"警告标志;在人工水体(喷泉、水池等)周围显著位置设置红色"禁止靠近"安全标识。通过设置物理防护与风险区域警示标识相结合,构建"物理防护+主动警示"的双重安全保障体系。

2. 无障碍设计

(1) 通行宽度

为保障老年人安全通过马路,主要通行出入口和道路宽度需满足轮椅和行人并行要求(≥1.5 m),设置足够的轮椅转弯半径(≥1.5 m),有条件时建议达到2.1 m,方便轮椅回转。人行横道宽度不小于1.5 m,有条件时不宜小于1.8 m。社区出入口与楼栋出入口宽度一般不小于1.2 m,社区道路宽度不小于1.5 m。

(2) 扶手设置

扶手高度通常在80~90 cm之间,符合人体工程学原理,在社区出入口通道、有坡度的道路(如无障碍台阶两侧)以及散步道两侧都应设置,方便老年人抓握。扶手材质应具有良好触感,表面光滑无尖锐边角,避免刮伤老年人。见图5-3。

(3) 无障碍标识

清晰的标识能帮助老年人识别路径和设施,避免迷路或误操作。无障碍标识需涵盖无障碍通道、设施位置及使用说明,采用高对比度颜色(如蓝底白图)和大字体,并在社区出入口和人行横道等显眼处设置,以适应老年人视力不佳和认知障碍情况,方便他们快速识别相关信息。无障碍标识包括导向标识(如箭头指示方向,见图5-4)和位置标识(如卫生间、休息区图标,见图5-5),需符合国家标准中的图形符号规范。

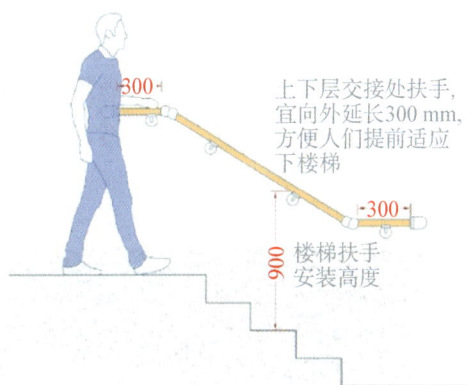

图5-3　扶手高度通常在80~90 cm之间

图5-4　导向标识

图5-5　位置标识

(4) 轮椅坡道及扶手

为乘轮椅者设计专用通行坡道,坡度不应大于1:12,坡道净宽≥1.2 m,起点与终点应设≥1.5 m的水平缓冲段。坡道两侧需设连续设置双层扶手,上层85~90 cm,下层65~70 cm,扶手材质应具有良好触感、表面光滑无尖锐边角(如木质或防滑塑料),扶手直径35~40 mm;扶手应从坡道起点前30 cm延伸至终点后30 cm,并向内拐至墙面,形成完整支撑体系。

3. 舒适性考量

（1）遮阳与通风

高温和通风不良会导致老年人不适，需通过绿化和设施改善微气候。需合理规划绿化和遮阳设施（如高大乔木、遮阳棚），减少阳光直射。良好的通风条件可避免场地闷热和异味，有利于老年人健康。

（2）休息设施布局

老年人需要就近休息的设施以缓解疲劳，同时满足社交需求。根据老年人活动规律，在阴凉、通风且视野良好处设置休息座椅，间距适中（50～80 m），配备 USB 充电接口和紧急呼叫按钮。

（3）地面铺装材料选择

凹凸不平或反光的地面易引发摔倒或视觉不适，需选择平整、防滑材料，如沥青、混凝土等（见图 5-6）。人行道采用透水混凝土、弹性塑胶等材料，避免使用卵石、碎石。高湿区（如喷泉附近）选用防滑瓷砖（摩擦系数≥0.7），路口等节点采用弹性塑胶（厚度 5 mm）减震防跌。

（4）路灯照明设置要点

社区道路和散步道路灯应满足路面平均照度不低于 10 lx，其间距和高度应根据道路宽度和照明要求合理确定。应选择合适灯具类型，光线应柔和、无眩光，保障老年人夜晚出行安全，避免因光线不足发生意外。见图 5-7。

图 5-6　道路平整度　　　　　　　图 5-7　路面平均照度不低于 10 lx

（5）室外公共卫生间设计

为保障老年人户外活动的便利和安全，室外公共卫生间需遵循适老化设计原则。设置在活动密集区（如广场、步道旁），距离休息设施≤50 m，入口方向设明显标识；门前预留直径 1.5 m 的轮椅回转空间，通道净宽≥0.9 m。厕位尺寸≥2.0 m×1.5 m（带轮椅停放区），门向外平开或采用自动门（净宽≥0.8 m）。蹲便器/坐便器旁设 L 型扶手。采用自然通风（设高位百叶窗）＋机械排风，消除异味。内设紧急呼叫按钮（带声光报警），信号同步传输至值班室。

知识点二：社区与楼栋出入口适老化设计要点

在社区规划与建筑设计中，出入口是人员进出的关键节点，其适老化设计对保障老年人安全与便利意义重大。

1. 社区出入口

社区出入口是老年人日常出行的必经之路，设计需契合老年人身体机能和行为习惯，确保老年人出行安全、便捷。由于老年人体力较弱且行动缓慢，需通过细节设计减少通行障碍，避免因环境不适引发意外。

（1）无障碍通行设计

社区出入口的步行和非机动车通道应避免设置门槛和高差，采用平坡出入口确保轮椅、助行器及非机动车顺畅通行。手动开启的大门对老年人操作存在困难，尤其在推自行车或手持物品时难以兼顾刷卡、开门等动作，因此建议采用自动感应门，减少老年人通行时的操作负担。

（2）门禁系统

优化门禁系统的刷卡器，应设置在显眼且易于操作的位置（高度0.9～1.1 m），方便老年人快速刷卡。考虑到部分老年人存在视力下降或手部灵活性不足的问题，需增加人脸识别、指纹识别等多种开门方式，提升使用便捷性。

（3）休息等候空间

在社区出入口设置带雨棚的休息空间，配备防滑座椅并倚靠建筑或绿植设置，既为老年人提供等候出租车、迎接亲友的场所，也可作为日常社交空间。同时，在出入口附近配套小卖部、物业服务点等设施，减少老年人出行距离，提升生活便利性。

2. 楼栋出入口

楼栋出入口是老年人日常必经之地，设计需注重细节，完善功能布局，打造安全、便捷的居住环境。由于老年人夜间视力下降且对环境熟悉度不高，需通过标识强化辨识度，通过空间优化减少通行风险。

（1）位置与标识的易识别性

楼栋单元出入口应设置在明显位置，门牌号高度在1.5～1.8 m并避免植物遮挡。采用高亮度照明（照度≥150 lx），确保老年人夜间能准确识别楼栋。同时，通过出入口造型、颜色、景观小品等设计增强辨识度，帮助老年人快速找到自家楼栋。

（2）流线设计的合理性

楼栋出入口设计应避免与外部流线交叉，确保各类人流动线清晰。当住宅底层用作商业用房、停车场等非居住功能时，其出入口与住宅单元出入口应分开设置，间距≥5 m并设置隔离设施，防止不同去向人流相互干扰，保障老年人出行安全。

（3）高差处理的适老化

楼栋单元出入口与室外场地的高差需平缓过渡。场地允许时，采用平坡出入口（坡度≤1∶20）并确保雨水箅子与周边地面平齐；高差较大时，设置入口平台、台阶（踏步高度≤150 mm）和无障碍坡道（坡度≤1∶12），并配备扶手等辅助设施，确保老年人安全进出。

（4）过渡空间的营造

楼栋出入口不仅是交通节点，也是老年人日常交流和休息场所。加大入口平台面积至≥1.5 m²，设置防滑座椅（间距≤30 m），并注重出入口空间的开放性和室内外景观渗透性，吸引老年人停留、交流，丰富其日常生活。

（5）雨棚与出入口的协同设计

雨棚需与出入口协同设计，覆盖入口平台和台阶坡道，挑出长度≥1.5 m，排水坡度≥3％，排水管避开坡道和台阶。采用防滑材料铺设雨棚下地面，避免雨雪天气湿滑导致老年人摔倒。

知识点三：社区道路与人行道路的适老化规划

社区道路设计需兼顾老年人和车辆通行，保障安全与便捷。以下从道路分级、铺装排水、交通组织、系统规划及人行道设计五方面展开。

1. 道路分级与宽度设计

通过道路分级满足不同交通需求,保障老年人步行安全。老年人因行动缓慢,需避免与机动车混行。

① 主干道:机动车道宽度 6～7 m(双向两车道),非机动车人行混行道 3～3.5 m,保证老年人顺利通行。设置物理隔离设施(如栏杆、绿化带等)或用明显标识区分行人通道和车行道,避免人车混行导致危险,保障老年人安全(见图 5-8)。

② 次干道:宽度≥2.5 m,以行人通行为主,连接组团与活动中心,如某社区内部道路设置单侧停车位(宽度 1.5 m),剩余 1 m 供行人通行。

③ 支路:宽度≥1.5 m,仅限行人通行,连接楼栋与绿地,采用透水砖铺装并设置座椅。

④ 人行道宽度:人流量大的区域(如活动中心)人行道加宽至≥1.8 m,满足轮椅双向通行。人行道尽端和交汇处预留≥2.1 m 的轮椅回转空间。

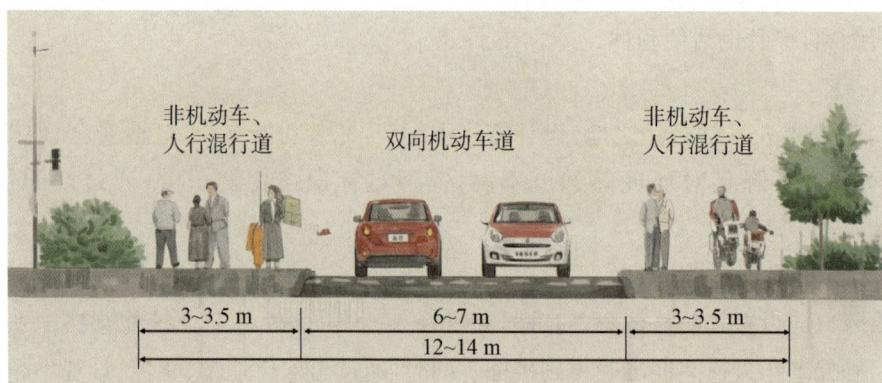

图 5-8　社区道路断面尺寸示意图

2. 道路铺装与排水设计

优质铺装与排水系统可减少老年人滑倒风险,提升出行舒适度。

① 排水系统:机动车道坡度 2%～5%,人行道坡度≤2%,采用隐形排水沟和透水铺装(透水混凝土渗透系数≥0.1 mm/s),如某社区主干道使用透水混凝土,人行道采用孔隙率≥20%的透水砖。北方地区冬季增设融雪装置,防止路面结冰。

② 铺装材料:机动车道选用沥青混凝土(降噪)或透水混凝土(排水),人行道使用防滑透水砖或弹性塑胶,盲道采用凸起纹路(高度 3 mm)帮助视障老年人识别路径。

3. 交通组织与断面设计

人车分流设计可降低混行风险,保障老年人步行安全。

① 水平分流:机动车道位于外围,内部为步行系统。如某社区外环机动车道(7 m)+绿化带(1 m)+人行道(1.5 m),机动车限速 15 km/h,人行道设置盲道(宽度 0.3 m)。

② 立体分流:机动车直接进入地下车库,地面仅保留消防通道(宽度≥4 m)。如某养老社区通过地下车库电梯直达楼栋,地面设置紧急呼叫按钮(间距≤100 m),保障应急通行。

4. 道路系统规划原则

简洁的道路规划可降低事故风险,保障应急车辆通行。

① 路线设计:采用"通而不畅"原则,主要是:收窄路幅(如 3.5 m)、设置弯道(半径≥15 m),控制车速≤15 km/h。单向路线减少错车,如某组团采用环形道路,老年人过马路无需等待对向车辆。

② 应急保障:预留≥15 m×15 m 的消防车回转场地,急救车通道宽度≥4 m,坡度≤5%。

5. 人行道路适老化设计

针对老年人身体机能衰退特点,优化步行环境细节(见图5-9)。

① 路面平整与坡度控制:采用平坡设计(坡度≤1∶12),必要时设置台阶(踏步高12~15 cm,宽30~35 cm)。坡道加装防滑条(宽度5 cm),北方地区坡道旁增设木质扶手(高度0.85 m),冬季铺设融雪垫。

② 连贯步行网络:串联住宅、活动中心、花园等场所,减少穿越车行道次数。交叉路口铺设黄色警示地砖(明度对比≥70%),设置信号灯(绿灯时长≥40 s)和语音提示。如某社区主入口设置盲人过街提示器,绿灯时播放提示音。

图5-9　位置显著、颜色醒目的标识

知识点四:散步道与休憩场地的适老化设计

散步道与休憩场地是老年人日常活动的核心空间,对其身心健康和社交需求具有重要意义。散步道通过规律步行可增强肌肉力量、改善心肺功能,同时优美景观能舒缓压力、促进心理健康;休憩场地则提供休息和社交空间,满足老年人恢复体力、增进邻里关系的需求。基于此,设计需围绕老年人身体机能特点,打造安全、舒适、便捷的适老化环境。

1. 散步道设计要点

散步道设计需契合老年人步行特点(步幅变小、步频降低、易疲劳),通过路径规划、安全冗余设计和环境改造,构建"能感知、能到达、能停留"的友好步道体系。

(1) 流线规划与布局

① 分级路径:设置5~15 min步行圈(约800~1500 m),串联花园、健身区、社交广场等核心区域,避免尽端式设计。

② 景观导向:沿景观区布置蜿蜒路径,途经便利店、医疗点等生活设施,增加步行趣味性与实用性。

③ 标识系统:在岔口、长直路段中途设置雕塑、凉亭等标志物,增强空间识别性,如某社区利用银杏林作为区域标识。

(2) 宽度与坡度控制

① 宽度要求:散步道宽度不小于1.2 m(见图5-10),考虑到人与轮椅并行,社区道路宽度不宜小于1.5 m,有条件时可以适当增大。

② 坡度控制:全段坡度≤1∶20,坡道起点设1.5 m缓冲平台,终点延长2 m水平段,防止坡度突变。见图5-11。

③ 扶手配置:安装连续扶手(见图5-12),冬季加装防滑套,北方地区坡道旁增设踏步(踏步高12~15 cm,踏步宽30~35 cm)。

(3) 休憩设施配置

① 间距设置:每50 m设置休息座椅(如塑木长椅),交叉路口和景观节点空间适当放大,形成小型社交点(见图5-13)。

② 功能复合:座椅旁设置USB充电接口(高度0.9 m)和紧急呼叫按钮(间距≤100 m)。

(4) 植物配置要点

① 视线通透:种植分叉高的乔木(如银杏、香樟),避免遮挡视线,林下空间设置地被植物(如麦冬)。

图 5-10　散步道宽度不小于 1.2 m　　　图 5-11　散步道坡度≤1∶20　　　图 5-12　休憩场地坡道设置扶手

② 季相变化:分区种植春花(樱花)、夏荫(梧桐)、秋叶(红枫)、冬果(南天竹),形成四季有景的景观带。见图 5-14。

图 5-13　按 50 m 间距设置座椅　　　　　　　图 5-14　植物配置

(5) 风雨连廊设置

① 覆盖范围为连接楼栋与服务设施;采用钢结构＋玻璃顶(透光率≥70％),宽度≥2.1 m,坡度≤3％。

② 照明设计是,廊内设置 LED 灯带(照度≥50 lx);地面铺装防滑地砖(摩擦系数≥0.7)。

2. 休憩场地设计要点

休憩场地应选择在环境优美、安静的地方,通过合理布局、设施配置和细节设计,提升空间使用效率。需设置长椅、遮阳伞等设施,满足老年人休息、社交和环境疗愈需求。

(1) 布局与规模适配

① 服务半径:500 m 范围内设置 1 处综合休憩区,面积按老年人口×20％使用率×1.5 m²/人计算(如 500 户社区需设置 150 m²)。

② 遮阳设施:采用太阳能板雨棚(遮阳率≥80％),夜间提供照明(照度≥30 lx),如某社区利用光伏板覆盖休憩区。

(2) 座椅布置与选择

① 位置选择:设置在出入口、步道转折处,面向活动场地(如健身区、儿童游乐场),便于观察和交流。

② 空间避让:退后步道 0.5 m 或利用凹空间(宽度≥2 m),避免通行干扰,如某社区在景观墙前设置座椅群。

③ 座椅类型：满足老年人休息需求，根据人体工学，座椅座面宽庶需足够容纳老年人身体，且有一定靠背支撑。一般高度 0.45～0.5 m，深度 0.4～0.45 m，靠背倾角 10～15°，扶手延伸至座面 0.1 m。如图 5-15。

④ 材料选择：优先使用质地柔软、触感舒适材料，如木材（如樟子松）、布艺或仿木塑材（如高密度聚乙烯），避免使用金属或石材等材质。

⑤ 形式创新：采用"S"形长凳（长度≥3 m），支持多方向就坐；设置棋盘桌（边长 0.8 m），满足娱乐需求。

（3）遮阳避雨设计

① 自然遮阳：选择落叶乔木（如槐树），夏季遮荫率≥70％，冬季透光率≥40％。

② 人工设施：设置可伸缩遮阳伞（直径≥3 m）或凉亭（面积≥6 m²），为老年人遮挡阳光和雨水。其中，遮阳伞安装位置应合理，避免影响老年人活动空间。见图 5-16。

图 5-15　休憩场地长椅高度在 40～45 cm 之间

图 5-16　户外休息区域设置遮阳伞

（4）轮椅友好设计

① 空间预留：座椅旁设置 1.5 m×1.5 m 轮椅停放区，地面坡度≤2％。

② 无障碍桌：桌面高度 0.75～0.85 m，下部留空高度≥0.65 m，见图 5-17。

（5）垃圾桶设置

垃圾桶应设置在明显位置，便于老年人使用，且应定期清理，保持卫生。主要针对休憩场地，但社区其他区域也应考虑相应垃圾处理设施设置。见图 5-18。

图 5-17　轮椅老年人能够使用的桌子

图 5-18　休憩场地旁设置垃圾桶

任务实施

任务 1　完成社区出入口与楼栋出入口的改造设计。

表 5‑1　任务实施表(任务 1)

任务流程	工作流程	技术要求
选择位置	① 对社区环境进行评估,考虑环境优美、安静程度以及老年人到达的便利性等因素 ② 根据评估结果,选择适宜作为散步道和休憩场地的位置	位置选择充分考虑老年人的活动习惯和环境需求
设计散步道	① 根据适老化标准,确定散步道宽度不小于 1.2 m,结合社区环境和老年人活动需求设计长度 ② 选择防滑地砖、塑胶跑道材料等作为表面材料,确保表面平整、防滑,颜色柔和不刺眼 ③ 选择木质、橡胶等材质作为扶手材料,确定其直径为 3～5 cm,具有良好的抓握感和防滑性,将扶手安装在高度为 80～90 cm 之间的位置,与地面和散步道主体结构采用膨胀螺栓牢固连接	① 散步道尺寸符合标准,表面材料符合要求 ② 扶手设计符合人体工程学原理,安装牢固
配置休憩场地设施	① 选择木质、布艺等质地柔软、触感舒适的材质作为长椅材料,确定长椅高度在 40～45 cm 之间,座面宽度足够容纳老年人的身体,且有一定的靠背支撑 ② 根据休憩场地布局和老年人活动空间需求,选择合理的遮阳伞安装位置 ③ 确定垃圾桶位置,应明显且便于老年人使用,定期对垃圾桶进行清理	① 长椅、遮阳伞和垃圾桶选型和配置符合老年人的使用需求和舒适要求 ② 设施安装位置合理,垃圾桶定期清理
施工散步道和休憩场地	① 组织施工人员,准备施工材料和设备,包括所选的地面材料、扶手材料、长椅材料等以及相应的施工工具 ② 按照设计方案进行散步道地面铺装、扶手安装和休憩场地设施设置等施工操作 ③ 在施工过程中,严格监督施工质量,及时处理施工中出现的问题,确保材料质量、施工工艺等方面符合设计要求	① 施工人员具备相关技能和资质 ② 施工材料和设备符合质量要求 ③ 施工操作严格按照设计方案进行,确保散步道和休憩场地的安全性和舒适性符合标准

任务 2　完成社区道路与人行道路的规划设计。

表 5‑2　任务实施表(任务 2)

任务流程	工作流程	技术要求
考察道路情况	① 使用卷尺测量道路宽度,在道路不同位置(起点、中点、终点等)进行测量 ② 使用水准仪测量道路平整度,记录不同路段的平整度数据 ③ 使用坡度仪测量道路坡度,确定有坡度路段的坡度数值和位置 ④ 观察路灯分布情况,记录路灯位置、数量和照明效果等信息	① 卷尺精度达到±0.1 cm,水准仪精度达到±0.05°,坡度仪精度达到±0.1° ② 数据记录详细、准确,格式规范统一

（续表）

任务流程	工作流程	技术要求
制订道路改造方案	① 对比测量的道路宽度与1.5m标准,若小于标准则根据周边环境确定拓宽尺寸和方法(单侧拓宽或双侧拓宽等),避免影响周边设施 ② 若路面不平整,根据损坏程度确定合适的平整材料(如沥青混凝土、水泥混凝土等)及厚度(一般不小于5cm),按照建筑规范进行铺装 ③ 对于有坡度的路段,若坡度大于1:12,特殊情况可适当放宽至1:20,根据坡度大小和道路长度计算缓坡长度,设计缓坡坡度不大于1:20。同时确定无障碍台阶的高度不超过15cm,宽度不小于30cm,并确定扶手安装位置(扶手材质和安装要求同无障碍通道扶手)	① 拓宽方案需考虑周边建筑基础和地下管线等情况 ② 路面修复材料和厚度符合要求,铺装过程符合规范 ③ 缓坡和无障碍台阶设计符合标准,扶手安装牢固
设置人行横道和交通标识	① 根据社区交通流量和老年人出行习惯,确定人行横道应设置在老年人经常活动的区域附近,宽度不小于2m ② 设计斑马线,白色线条宽度不小于30cm,间隔不大于60cm;减速让行标识采用三角形图案,红色边框搭配白色底色;方向指示标识采用箭头图案,使用蓝色箭头搭配白色底色等简洁明了的图案和文字 ③ 将交通标识安装在显眼位置,如道路上方横杆上或路边立柱上,高度在1.5~2.5m之间	① 人行横道位置和宽度合理 ② 交通标识设计符合要求,颜色鲜明,易于老年人识别 ③ 标识安装位置合理,高度适中
设置照明	① 选择LED灯具,其光通量不低于1000lm,显色指数不低于80,色温在3000~5000K之间 ② 在道路两侧按照一定间距安装灯具,根据道路宽度和照明需求确定间距,一般为3~5m,调整灯具角度确保照明亮度均匀(平均照度不低于10lx),无眩光(眩光值不超过19),灯罩采用磨砂材质或具有防眩光设计	① 灯具符合节能、亮度高、显色性高等特点 ② 照明亮度均匀,无眩光,灯罩符合要求

任务3 完成散步道与休憩场地的改造设计。

表5-3 任务实施表(任务3)

任务流程	工作流程	技术要求
选择位置	① 对社区环境进行评估,考虑环境优美、安静程度以及老年人到达的便利性等因素 ② 根据评估结果,选择适宜作为散步道和休憩场地的位置	位置选择充分考虑老年人的活动习惯和环境需求
设计散步道	① 根据适老化标准,确定散步道宽度不小于1.2m,结合社区环境和老年人活动需求设计长度 ② 选择防滑地砖、塑胶跑道材料等作为表面材料,确保表面平整、防滑、颜色柔和不刺眼 ③ 选择木质、橡胶等材质作为扶手材料,确定其直径为3~5cm,使其具有良好的抓握感和防滑性,扶手安装高度为80~90cm之间的位置,与地面和散步道主体结构采用膨胀螺栓牢固连接	① 散步道尺寸符合标准,表面材料符合要求 ② 扶手设计符合人体工程学原理,安装牢固
配置休憩场地设施	① 选择木质、布艺等质地柔软、触感舒适的材质作为长椅材料,确定长椅高度在40~45cm之间,座面宽度足够容纳老年人的身体,且有一定的靠背支撑	① 长椅、遮阳伞和垃圾桶选型和配置符合老年人的使用需求和舒适要求 ② 设施安装位置合理,垃圾桶定期清理

（续表）

任务流程	工作流程	技术要求
	② 根据休憩场地布局和老年人活动空间需求,选择合理的遮阳伞安装位置 ③ 确定垃圾桶位置,应明显且便于老年人使用,定期对垃圾桶进行清理	
施工散步道和休憩场地	① 组织施工人员,准备施工材料和设备,包括所选的地面材料、扶手材料、长椅材料等以及相应的施工工具 ② 按照设计方案进行散步道地面铺装、扶手安装和休憩场地设施设置等施工操作 ③ 在施工过程中,严格监督施工质量,及时处理施工中出现的问题,确保材料质量、施工工艺等方面符合设计要求	① 施工人员具备相关技能和资质 ② 施工材料和设备符合质量要求 ③ 施工操作严格按照设计方案进行,确保散步道和休憩场地的安全性和舒适性符合标准

📖 **课后拓展**

社区室外空间流线适
老化调研与优化提案

📝 **课后习题**

扫码进行在线练习。

在线练习

项目六　功能空间与设施适老化设计

学习目标

学习目标

素质目标
- 增强关爱老年人的意识，注重停车场及场地园林适老化设计的人性化
- 树立以老年人相关需求为核心的设计理念，强调安全便利

知识目标
- 掌握机动车与非机动车停车场适老化布局要素，如停车位尺寸、无障碍通道、标识系统等
- 理解活动场地与园林适老化设计要点，包括安全防护设施、设施配置、景观营造等方面

技能目标
- 能够对机动车与非机动车进行适老化布局设计，如调整停车位尺寸、设置无障碍通道和完善标识系统
- 学会对活动场地与园林进行适老化设计，包括设置安全防护设施、配置合适设施以及营造景观环境

情景与任务

幸福社区是一个老旧小区，居住着大量老年人。社区内的机动车与非机动车停车场布局不合理，停车位狭窄，缺乏无障碍通道和清晰的标识，老年人停车和取车十分不便。同时，社区的活动场地和园林设施陈旧，缺乏安全防护设施，活动设施不适合老年人使用，景观环境也较为单调。

为了改善社区老年人的生活环境，提高他们的生活质量，社区决定对机动车与非机动车停车场以及活动场地与园林进行适老化改造。

请根据社区老年人的实际情况和需求，完成以下设计任务。

任务1　对机动车与非机动车停车场进行适老化布局设计。

任务2　对活动场地与园林进行适老化设计。

任务分析

知识点一：机动车与非机动车停车场的适老化设计

1. 机动车停车场设计

机动车停车场设计需以保障老年人停车便捷与上下车安全为核心，减少车辆运行对老年人活动的干扰。由于老年人体力衰退、反应迟缓，停车场作为车辆密集区域，需通过空间优化降低安全隐患。

（1）机动车停车位通用要点

① 停车位布局：老年人专用停车位合理规划，避免狭窄通道和死角，设置在距离楼栋出入口50 m范围内，缩短步行距离，宜尽量沿社区外围道路设置，避免车行流线与人行流线交叉。停车场与社区连接通道高差处理的坡度最大不应超过1：12（特殊情况可适当放宽至1：20）。考虑老年人视线范围和反应速度，设置足够照明设施。

② 停车位尺寸标准：普通家用汽车停车位宽度可在2.5 m左右，长度在6 m。见图6-1。

③ 材料选择：停车场通道表面应采用防滑材料。见图6-2。

图6-1　标准停车位尺寸

图6-2　停车场通道采用防滑材料

④ 引导系统：导向标识采用蓝底白色、黄底黑字等高对比度颜色组合，大字体（见图6-3），增强可视性。标识内容包括入口、出口、停车位分布、无障碍停车位位置等信息（见图6-4）。除标识外，设置地面标线、指示灯等引导系统（见图6-5），还可考虑使用智能化系统如电子显示屏、手机APP等提供停车服务（见图6-6）。

图6-3　无障碍标识颜色对比度高、字体大

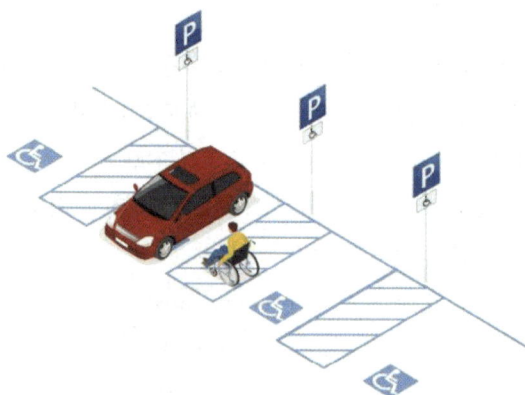

图6-4　无障碍标识明显

图6-5　设置地面标线和指示灯

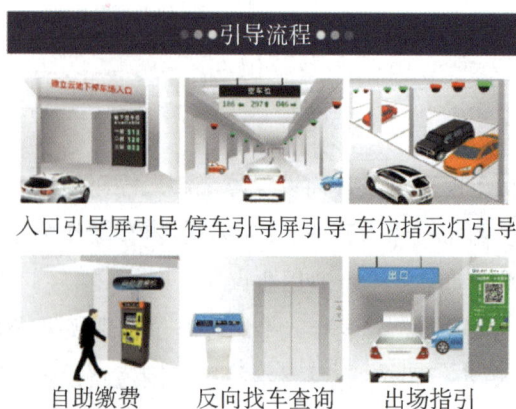

图6-6　使用多种引导方式

（2）无障碍车位设置

为方便老年人就近上下车，在进行社区停车场或地下车库的设计时，应尽量靠近住宅单元出入口和社区配套设施出入口设置无障碍专用车位。无障碍停车位应标识清晰，采用平整的地面铺装材料，避免使用植草砖。设置安全通道，以便老年人下车后直接到达建筑主入口。无障碍机动车停车位的地面应平整、防滑、不积水，地面坡度不应大于1∶50。供乘轮椅者从轮椅通道直接进入人行道和无障碍入口。无障碍车位数按总车位数的2%设置，且不少于2个，宽度≥3.7 m、长度≥6 m，保证1.2 m宽的轮椅通道。

图6-7　无障碍车位避免狭窄通道和死角

（3）安全防护

设置0.8～1.0 m高防撞护栏，防止车辆失控撞击行人；地面铺装摩擦系数≥0.6的材料；照度≥50 lx，确保夜间安全

2. 非机动车停车场设计

非机动车停车场需确保老年人存取便捷，消除安全隐患。作为老年人常用出行工具，停车设施需适应其体力与操作能力。

（1）布局要求

养老社区的非机动车停车位可依据每100 m² 计容建筑面积0.17辆的配建指标进行配建。

楼栋单元出入口附近设置专用停车区，优先利用路边空地或口袋空间，设置带遮阳的集中车棚。预留不同尺寸非机动车停放空间，满足不同车辆类型的停放。避免地下停车，利用路边空地或口袋空间，施划标线并配置充电设备。见图6-8。

（2）充电设施

针对电动自行车、电动三轮车充电要求，需设置智能充电系统，系统具备过载保护，防止电动车过充着火，防火分隔耐火极限≥1小时。见图6-9。

图6-8　就近设置非机动车停车场

图6-9　设置智能充电系统

知识点二：活动场地与园林的适老化设计

根据老年人活动需求配置健身设施（如上肢牵引器、扭腰器等，见图6-10），休息设施（如长椅、遮阳伞等），园林景观等，设置无障碍卫生间和饮水设施。

图 6 - 10　配置健身设施

1. 活动场地适老化设计

活动场地需满足老年人锻炼、社交等多样化需求,保障活动安全。老年人退休后活动量减少,安全舒适的场地能促进其身心健康,降低久坐带来的健康风险。

(1)健身区

① 器材间距:器材间距≥1.5 m,防止动作幅度过大导致老年人碰撞(如太极揉推器与腰背按摩器间距需≥1.8 m)。

② 地面材料:采用弹性塑胶(厚度 5~8 mm)或悬浮式拼装地板,缓冲冲击力(可减少 30%关节压力)。见图 6 - 11。

(2)棋牌区

① 遮阳设施:设置可伸缩遮阳棚(遮阳率≥80%)或选择落叶乔木(夏季遮荫率≥70%,见图 6 - 12),避免高温时段活动。

图 6 - 11　健身器械(间隔 1.5 m、弹性塑胶地面)

图 6 - 12　种植遮阳树木

② 桌面设计:桌面嵌入防滑杯托(直径 8 cm,深度 3 cm),防止水杯倾倒。

(3)广场区

① 场地尺寸:面积≥100 m²,满足 15~20 人集体活动(如广场舞每人间距≥1.2 m)。

② 休息设施:沿场地边界设置座椅(间距≤50 m),配备 USB 充电接口(高度 0.9 m)和紧急呼叫按钮(响应时间≤30 s)。

（4）安全设计

避免尖锐边角和危险高差（见图6-13）。设施边角倒圆半径≥2 cm，避免锐利边缘划伤；设置缓坡或无障碍坡道并安装扶手；设置安全防护栏杆；设置紧急响应系统，如智能手环一键呼叫系统，与社区监控中心联动（定位精度≤2 m）。

图6-13　避免尖锐边角和危险高差

2. 园林适老化设计

园林需营造安全舒适的景观环境，通过自然与人文融合促进老年人身心健康。研究表明，接触自然可降低老年人抑郁发生率20%。实施时，选择适合老年人的植物品种（北方如月季、紫薇、国槐、白蜡等；南方如三角梅、龙船花、香樟、榕树等），合理布局植物，设置色彩鲜艳、形态优美的景观元素（如雕塑、喷泉等），与社区风格协调，设置具有文化内涵的景观元素（如文化墙、雕塑等）。其他细则参考项目三及项目五相关部分。

任务实施

任务1　对机动车与非机动车停车场进行适老化布局设计。

表6-1　任务实施表（任务1）

任务流程	工作内容流程	技术要点
停车位尺寸调整	测量停车场空间，确定新的停车位尺寸标准，进行重新划分	家用汽车停车位宽度不低于2.5 m，长度不低于5.5 m；预留足够通道空间
无障碍停车位设置	选择靠近出入口的位置，进行无障碍停车位划定和标识	用蓝色地面标线和带有轮椅图案的标识牌标记，位置显眼易识别
停车位编号管理	对所有停车位进行编号，制作详细的停车位分布图	编号清晰易辨，分布图放置在入口处和社区显眼位置
无障碍通道建设	规划通道走向，进行施工改造，确保宽度和坡度符合要求	通道宽度不小于1.2 m，坡度不超过1:12，采用混凝土浇筑或防滑地砖铺设，两侧安装80~90 cm高不锈钢扶手，关键位置设置照明设施

（续表）

任务流程	工作内容流程	技术要点
标识与引导系统完善	设计并安装各类标识牌，搭建智能引导系统	采用大字体、高对比度标识牌，内容包括入口、出口、停车位分布等信息 安装电子显示屏和手机 APP 智能引导系统，定期检查维护，确保清晰准确
	设计并安装各类标识牌，搭建智能引导系统	采用大字体、高对比度标识牌，内容包括入口、出口、停车位分布等信息。安装电子显示屏和手机 APP 智能引导系统，定期检查维护，确保清晰准确

任务 2　对活动场地与园林进行适老化设计。

表 6-2　任务实施表(任务 2)

任务流程	工作内容流程	技术要点
安全防护设施设置	全面排查场地，处理高差和尖锐边角，设置栏杆和休息座椅	排查消除尖锐边角和危险高差，高差处设 1∶12 缓坡并安装扶手 活动场地周围设置 1.1 m 高铝合金或热镀锌钢管栏杆 改造道路确保平整防滑，宽度不小于 1.5 m，两侧设置有靠背和扶手的休息座椅
设施配置优化	根据老年人需求选择和安装健身器材、休息设施及无障碍设施	配置上肢牵引器、扭腰器等易操作健身器材，设置明显标识说明 增加休息设施数量，分布合理，设置遮阳伞、凉亭等 设置无障碍卫生间和饮水设施
景观营造提升	选择合适的植物进行种植，设置景观元素并注重与社区风格协调	北方种植月季、紫薇、国槐、白蜡等 南方种植三角梅、龙船花、香樟、榕树等 合理布局植物，设置雕塑、喷泉等景观元素，位置安全显眼 设置具有文化内涵的景观元素如文化墙、雕塑等，与社区风格协调

课后拓展

社区室外功能空间设施
适老化体验与优化提案

课后习题

扫码进行在线练习。

在线练习

模块四

养老设施室内空间的适老化设计

　　室内空间的适老化设计是为了满足老年人在室内环境中的特殊需求,提高他们的生活质量和安全性。这部分设计涵盖老年人居室的主要功能及分区、公共辅助用房的类型和设计内容等方面。

　　老年人居室是老年人日常生活的主要场所,需考虑不同功能空间的合理布局与设计(见图0-1、图0-2)。例如,卧室空间要保证舒适和安静,床铺的选择和摆放要考虑老年人的身体状况和起夜习惯;起居空间要方便老年人活动,家具的布置不能阻碍通行;饮食空间要符合老年人的操作习惯,厨房的设施和布局要便于使用;卫生空间要注重安全和卫生,卫生间的设施要满足老年人的特殊需求。

图0-1　老年人活动室空间

图0-2　老年人卧室空间

　　公共辅助用房则包括文娱、健身、康复、医疗、管理服务以及交通空间等。文娱用房要考虑老年人的娱乐需求和身体状况,设置合适的娱乐设施和活动空间;健身用房要根据老年人的身体机能和运动能力,配备适宜的健身器材和安全设施;康复用房要针对老年人的康复需求,提供专业的康复设备和治疗环境;医疗用房要满足老年人的医疗需求,设置医务室、药房等设施;管理服务用房要方便管理人员对老年人的照顾和服务,设置办公室、值班室等空间;交通空间要确保老年人的出行安全和便利,包括走廊、楼梯和电梯等的设计。

项目七　主要生活空间的适老化设计

学习目标

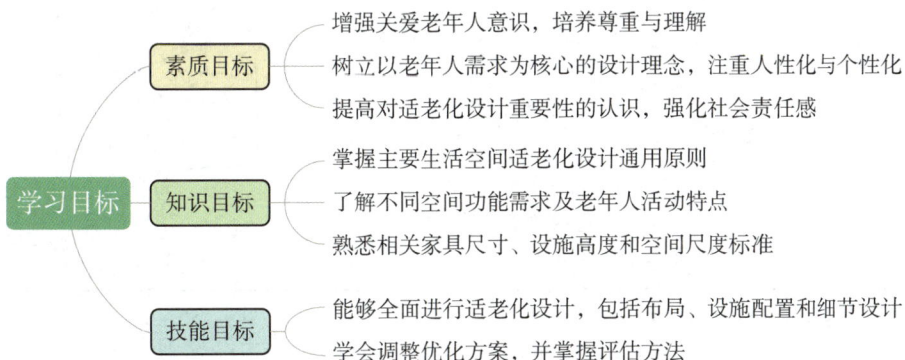

学习目标

素质目标
- 增强关爱老年人意识，培养尊重与理解
- 树立以老年人需求为核心的设计理念，注重人性化与个性化
- 提高对适老化设计重要性的认识，强化社会责任感

知识目标
- 掌握主要生活空间适老化设计通用原则
- 了解不同空间功能需求及老年人活动特点
- 熟悉相关家具尺寸、设施高度和空间尺度标准

技能目标
- 能够全面进行适老化设计，包括布局、设施配置和细节设计
- 学会调整优化方案，并掌握评估方法

情景与任务

阳光社区有一位李奶奶，患有轻度的关节炎和视力障碍。关节炎使得她的关节活动不太灵活，尤其是膝关节和手指关节，这影响了她的行走和抓握能力。视力障碍则导致她的视觉敏感度下降，对光线和物体的辨识度降低。

李奶奶的居室在日常使用中也存在诸多不便。首先，门厅入口狭窄，没有足够的空间放置换鞋凳，且视线受阻。这使得她在进出家门时换鞋很不方便，而且容易失去平衡摔倒。其次，客厅家具摆放杂乱，这使得她在客厅活动时经常需要绕过很多障碍物，增加了摔倒的风险。此外，卫生间中没有安装扶手，洗澡的时候也容易湿滑，卫生间门口也未设置高出地面的挡水条，这也让她在使用卫生间时需要格外小心，尤其是在淋浴和起身时。

请针对李奶奶的身体情况以及居室的现有状况，完成以下设计改造任务。

任务1　门厅入口与客厅的适老化设计改造。
任务2　卫生间的适老化设计改造。
任务3　厨房、餐厅的适老化设计改造。
任务4　卧室、书房的适老化设计改造。
任务5　其他辅助空间（储物、阳台与洗衣区等）的适老化设计改造。

任务分析

知识点一：通用知识

1. 通用尺寸标准

老年人身体机能衰退，对家具和设施的尺寸高度较为敏感，需从坐姿、站姿、撑扶需求出发进行适配设计。

（1）坐姿操作类家具

换鞋凳、餐椅、浴凳等家具高度宜为45～50 cm，这与老年人小腿长度（膝盖至脚跟）基本一致，可避免因高度过低导致起坐困难或过高造成腿部悬空,减少起身时的重心不稳风险。换鞋凳若低于40 cm,老年人需额外用力抬腿,易因重心偏移摔倒;若高于45 cm,则脚部无法完全着地,增加膝关节压力。见图7 - 1、图7 - 2。

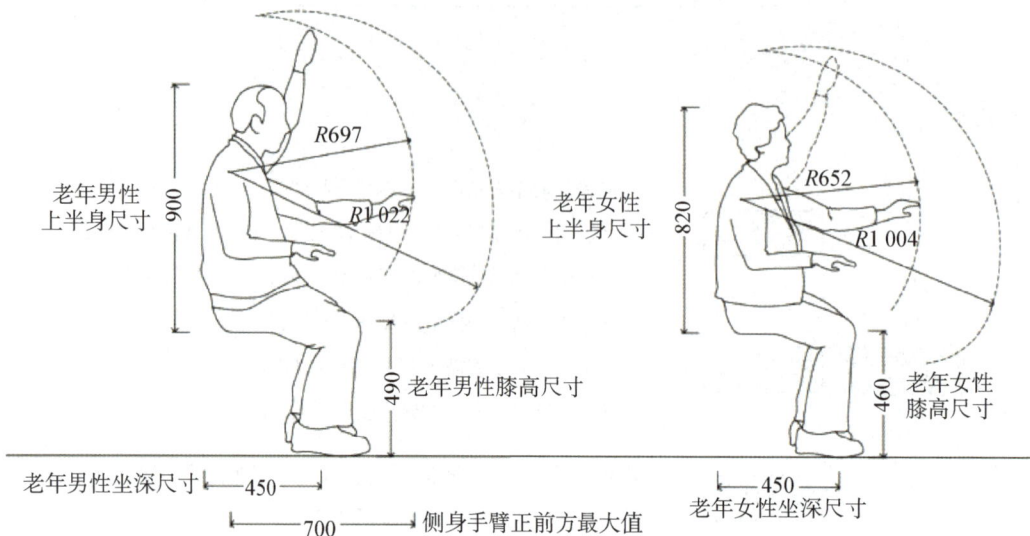

图 7 - 1 老年人坐姿尺寸示意图

图 7 - 2 门厅配置换鞋凳

（2）站姿操作台面

餐桌、盥洗台等站姿操作台面高度应控制在75～80 cm,以适配老年人自然站立时肘部微屈的舒适状态,避免弯腰或踮脚。厨房操作台因涉及切菜等发力动作,高度可略高至80～85 cm,但下方需预留净高≥65 cm、进深≥45 cm的空间,确保坐轮椅的老年人腿部能垂直插入,实现坐姿备餐。见图7 - 3、图7 - 4。

（3）安全撑扶类设施

鞋柜台面、沙发扶手、卫生间扶手等撑扶设施高度统一为80～90 cm,该高度对应老年人站立时手腕自然垂下的位置,便于随时撑扶以保持

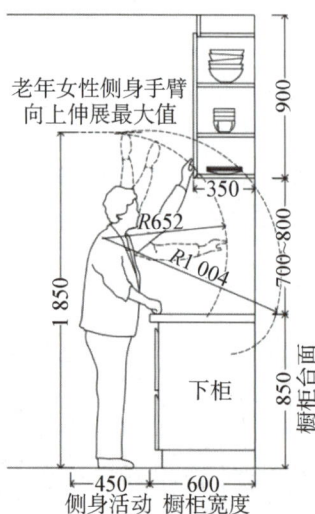

图 7 - 3 老年人站姿尺寸示意图

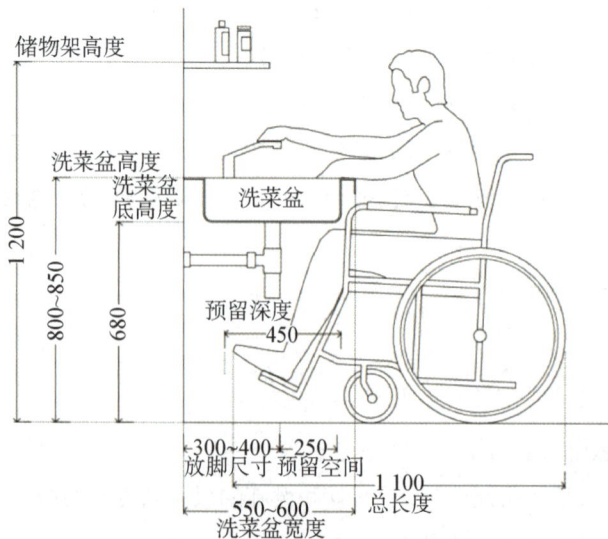

图 7 - 4 轮椅老年人坐姿尺寸示意图

平衡。例如,鞋柜台面兼作扶手时,80 cm 高度可让老年人换鞋时单手撑扶借力,避免单腿站立导致摇晃。

2. 无障碍设计核心要点

无障碍设计是保障老年人安全的关键,需从地面、扶手、通行路径等多方面消除物理障碍。

（1）地面安全

全屋应采用哑光地砖、防滑 PVC 等防滑、防反光的材质,卫生间、厨房等湿区需选择干湿状态均防滑的材料,以减少水渍导致的滑倒风险。阳台、卫生间门口等易产生高差处,需通过 1∶12 缓坡或三角坡垫过渡,消除门槛,避免老年人被绊倒。见图 7-5、图 7-6。

图 7-5 哑光地砖和亮光地砖对比

图 7-6 哑光防滑地面材质,避免老年人滑倒

（2）扶手系统

卫生间坐便器旁、淋浴区墙面需设置 80～90 cm 高的 L 形或水平扶手,材质选用直径 35～40 mm 的防滑材料,方便老年人起坐或站立时撑扶。见图 7-7、图 7-8。

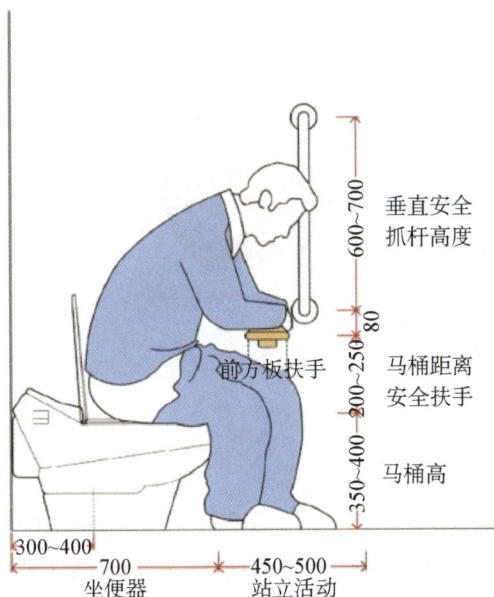

图 7-7 卫生间尺寸示意图

图 7-8 卫生间扶手系统

（3）门与通行

卫生间优先采用推拉门或外开门,避免内开门被倒地老年人阻挡而影响救援;单扇门有效净宽应≥

80 cm(门洞宽≥90 cm),确保轮椅顺畅通过。阳台门宜设双扇推拉门,避免多扇分割导致通行宽度不足。

3. 照明设计通用原则

针对老年人视力衰退特点,照明设计需兼顾照度、防眩光与控制便利性。

（1）照度要求

客厅、卧室的基础照度应达到 200~300 lx,卫生间照度≥200 lx,阅读区可通过局部台灯或落地灯将照度提升至 500 lx 以上,以满足剪指甲、看药品说明书等精细操作需求。建筑出入口、阳台应设置壁灯或吸顶照明(照度≥100 lx),确保夜间通行安全;供老年人使用的盥洗盆、洗涤槽及厨房操作台,需在台面上方或柜体下方增设局部照明(如防雾镜前灯、柜底条形射灯等);有条件时,每个居室门外可安装感应式地脚灯或壁灯,便于老年人夜间识别房门位置。灯具选择色温范围为 3 000~4 000 K 之间的暖色光源,以免抑制老年人身体褪黑素的分泌,影响睡眠。

资料卡

光通量、照度的定义及换算关系

1. 光通量

是光源发出的可见光能量总和,单位是流明(lm),是衡量光源输出可见光多少的指标。1 W 的 LED 灯光大约能发出 80~120 lm 的光。

2. 照度

是光照强度的简称,是一种物理术语,指单位面积上所接受可见光的光通量,单位为勒克斯(lx)。照度用于表征光照的强弱和物体表面积被照明程度的量。

$$照度(\text{lx}) = \frac{光通量(\text{lm})}{面积(\text{m}^2)}$$

图 7-9 光通量表征光源"能发多少光"　　图 7-10 照度表征物体"实际有多亮"

（2）光源与控制

避免使用射灯、水晶灯等直射光源,优先选用漫射光灯具(如吸顶灯、磨砂灯罩),防止眩光刺激眼睛。卧室主灯需在门侧与床头设置双控开关,避免老年人摸黑走动。开关面板采用大按键(≥80 mm×80 mm)、少功能组合(单面板≤2 个开关),安装高度为 1.2~1.4 m,适配老年人站立或坐姿操作(见图 7-11~图 7-13)。

4. 设施设备适老细节

设施设备的选择需考虑老年人手部力量、操作习惯及安全需求。

图 7-11　卧室选择柔和暖光　　　　　　　图 7-12　客厅添加局部照明

图 7-13　开关选择大按键

（1）开关与把手

门把手、水龙头应选用杆式或抬杆式设计，避免使用球形把手和旋钮式水龙头。对于走廊、卧室等空间的灯光控制应设置双向开关，如在门口和床头设控制开关，方便老年人在不同位置便捷控制照明，减少往返操作。抽屉拉手避免采用点式或内凹式拉手，应采用长杆式设计，便于单手抓握和施力。

（2）插座布局

厨房操作台、床头柜等台面上插座设置高度为 0.8～1.2 m，电视柜、沙发旁等低位插座应抬高至 0.6 m 以上，避免老年人弯腰插拔，减少因姿势不稳导致的摔倒风险。

（3）家具功能

换鞋凳、床头柜宜采用抽屉式而非柜门设计，老年人坐姿即可直接取物，避免频繁弯腰。茶几选择轻便小型化款式，便于移动调整（如泡脚时挪开、轮椅通过时让道），减少空间阻碍。

5. 材质与安全通用要点

材质选择需兼顾触感舒适与结构安全，减少意外风险。

（1）触感舒适

老年人常接触的扶手、床尾板、柜门拉手等部位，应采用木质、温润塑料等材质，避免金属的冰冷感和冬季低温刺激。家具边角需进行倒圆处理（如换鞋凳、茶几），防止磕碰受伤。

（2）结构安全

沙发、座椅坐面不宜过软或过深（坐面深度≤55 cm），避免老年人陷入后起身困难；扶手需有一定硬度，提供可靠撑扶点。轮椅回转区域（如沙发旁、餐桌旁）需预留直径1.5 m的圆形空间，确保转身无阻碍。

6. 紧急安全与功能集成

（1）紧急设施

卧室床头、卫生间坐便器旁应安装带拉绳的紧急呼叫器（见图7-14），拉绳距地面10 cm，确保老年人倒地后可拉拽求救。可视对讲系统需放大屏幕并增强铃声，以适配老年人听力、视力衰退需求。

（2）功能集成

阳台可整合洗衣机、升降晾衣杆、储物柜，实现"洗—晾—收"一体化（见图7-15）；卫生间采用干湿分离设计(湿区居内、干区居外),减少地面水渍风险。

图 7-14　床头、卫生间安装带拉绳的紧急呼叫器

图 7-15　"洗—晾—收"一体化阳台设计

知识点二:门厅入口与客厅的适老化设计

1. 门厅入口适老化设计要点

门厅作为老年人出入的首要空间,设计需聚焦换鞋安全、储物便利与通行顺畅,核心在于换鞋区与鞋柜的系统性规划(见图 7-16)。

(1)坐姿换鞋功能设计

针对老年人腿部力量较弱的特点,换鞋凳高度应设置为 40～45 cm,凳面材质需兼顾软硬适度与安全防护,边角做倒圆处理,避免老年人起坐困难或因边角尖锐导致划伤。鞋柜旁需设置撑扶点位,将鞋柜台面高度控制在 80～90 cm,便于老年人换鞋时借力起身;同时,鞋柜底部预留 30 cm 的悬空空间,方便放置和拿取常用鞋,无需弯腰查看(见图 7-17)。

(2)鞋柜与门的位置规划

鞋柜布局应避开入户门的开启路径,避免开门时碰撞换鞋的老年人。在空间允许的情况下,优先采用嵌入式鞋柜设计,以减少对门厅通道的占用。对于有轮椅使用需求的家庭,需确保门厅净宽度不小于 1.2 m,鞋柜深度不超过 35 cm,为轮椅进出预留充足的回转空间。

(3)地面与照明细节处理

门厅地面应选用防滑地砖或地板,避免使用反光材质;入户门与室内地面需齐平或通过 1∶12 缓坡过渡,将高差控制在 1.5 cm 以内,防止老年人被门槛绊倒(见图 7-18)。换鞋区域需增设壁灯或柜底灯等局部照明设施,将照度提升至 150 lx 以上,确保老年人能清晰看清鞋扣、鞋带等细节。

图 7-16　适老化门厅设计

图 7-17　换鞋凳设置扶手

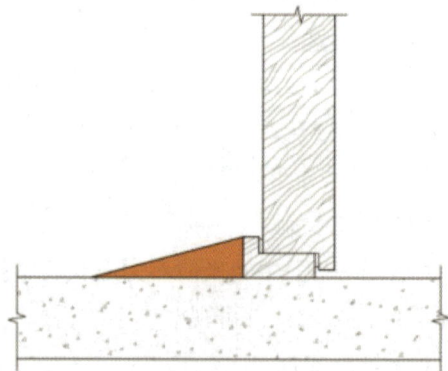

图 7-18　不易消除的高差设置斜坡辅具

2. 客厅适老化设计要点

客厅作为老年人日常活动与社交的核心区域,设计需兼顾家具适配性、动线流畅性与环境舒适性,打造安全便捷的活动空间。

(1) 家具选型与布局优化

① 沙发:选择坐面高度 45 cm、进深不超过 55 cm 的硬扶手沙发,便于老年人起坐时撑扶借力,同时避免选择贵妃榻等过长款式,防止阻挡入口动线。沙发与电视墙之间的距离应控制在 2~3 m,以适配老年人衰退的视力和听力,确保观看电视时画面清晰、声音适宜。见图 7-19、图 7-20。

图 7-19　硬扶手沙发示例

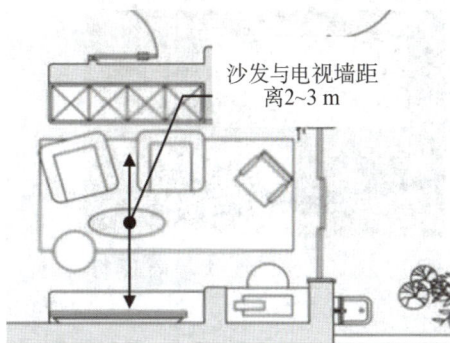

图 7-20　沙发与电视墙距离 2~3m

② 茶几:优先选用边长不超过 80 cm 的小型化、轻便化茶几,台面高度控制在 55~60 cm(高于沙发坐面),便于老年人坐姿取物,减少弯腰幅度,同时避免膝盖磕碰。茶几底部需预留足够空间,满足老年人腿部伸展需求;且轻便造型便于根据使用场景灵活移动(如泡脚时挪开、轮椅通过时让道)。见图 7-21。

③ 轮椅适配:在沙发旁预留直径 1.5 m 的回转空间,茶几与沙发之间保持 40 cm 以上间距,确保乘坐轮椅的老年人能够从侧面顺畅靠近沙发,满足日常就座与起身需求。见图 7-22。

④ 地面与通行安全强化:客厅地面材质应与门厅一致,采用防滑、无反光材料;客厅沙发区不宜铺设地毯,若铺设地毯,需固定边缘防止凸出,避免老年人被绊倒(见图 7-23)。主要通行通道净宽度不小于 1.2 m,通道内避免摆放落地灯、绿植等易碰撞物品,确保老年人行走或使用轮椅时动线畅通无阻。

图 7-21　茶几边缘进行倒角处理

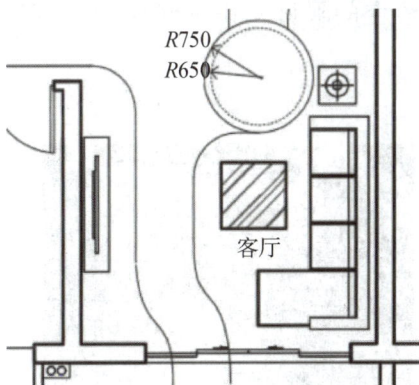

图 7-22　预留轮椅交通空间

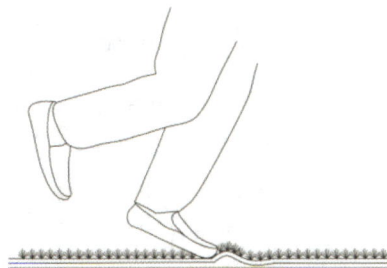

图 7-23　地毯凸出易绊倒老年人

(2) 细节把控

① 照明:客厅主灯需在入口处与沙发旁设置双控开关,方便老年人进出时控制灯光。在沙发阅读角增设落地灯,将局部照度提升至 500 lx 以上,满足阅读、剪指甲等精细操作需求(见图 7-24)。灯具选择

漫射光材质(如磨砂吸顶灯),避免使用水晶灯等复杂造型,减少眩光干扰并便于清洁。

② 收纳:在沙发旁80～120 cm高度设置低位搁板或边几,用于放置遥控器、眼镜等常用物品,便于老年人随手取用。电视柜进深控制在45 cm以内,顶部避免堆放重物,防止掉落造成安全隐患。见图7-25。

图7-24 可设置落地台灯等局部照明

图7-25 茶几与电视柜设计合理

知识点三:卫生间的适老化设计

卫生间是老年人高频使用且安全风险较高的空间,设计需以干湿分离、防滑防摔、操作便捷为核心,从空间布局、安全设施、设备选型三方面落实适老化细节,打造安全舒适的使用环境。

1. 空间布局与干湿分离

(1) 干湿分区规划

采用"湿区居内、干区居外"的布局模式,将淋浴区作为湿区布置在卫生间深处,坐便器、盥洗台作为干区靠近入口,可避免浴后水迹蔓延至干区地面,降低湿滑风险(见图7-26)。淋浴区与干区地面统一选用防滑地砖(如30 cm×30 cm小尺寸地砖,增强摩擦系数),并通过高度≤2 cm的挡水条配合1:10坡度的斜坡处理,实现"无门槛"过渡,确保地面平整安全。

(2) 门的形式与尺寸

卫生间门优先采用推拉门或外开门,避免内开门在老年人倒地时阻挡救援通道(见图7-27);门洞净宽需≥80 cm,满足轮椅进出需求。若受空间限制采用平开门,开门后需与坐便器、淋浴区保持≥40 cm间距,避免碰撞。

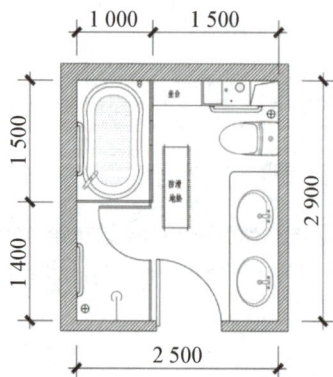

图7-26 卫生间干湿分离

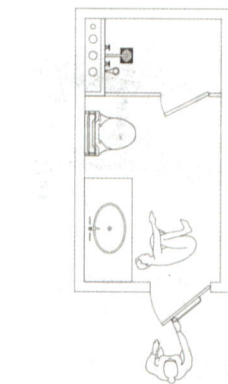

图7-27 采用外开门或推拉门

2. 安全设施与适老设备

（1）防滑与高差处理

地面材质选用防滑、无反光的哑光地砖或防滑 PVC，淋浴区设置直径≥5 cm 的地漏，并在坐便器旁增设备用地漏，防止主地漏堵塞时积水。卫生间与走廊/卧室地面应齐平，若因防水需求存在高差，需通过 1∶12 缓坡或三角坡垫过渡，控制高差≤1.5 cm，避免老年人因高差磕绊。

（2）坐便区

安装 L 形扶手，竖向扶手距坐便器前端 20～25 cm，高度 70～90 cm，水平部分长度≥50 cm，方便老年人起坐时前后撑扶；空间尺寸不足时，可选用可折叠式扶手，不用时收起以节省空间。普通老年人可选用高度 450 mm 的标准款马桶，轮椅老年人宜采用 500 mm 高的加高款马桶，马桶旁侧墙面预留插座以便使用支持温水清洗、座圈加热等功能的智能便座，提升卫生便利性与舒适性（见图 7 - 28）。

（3）淋浴区

卫生间洗浴区应为淋浴，有相对完整独立的区域，尽量避免使用浴盆。墙面设置高 90 cm 的水平扶手与高 1.2 m 的竖向扶手，搭配 1.2～1.8 m 可调节高度的花洒滑杆，满足老年人坐姿或站姿淋浴时的撑扶与调节需求。同时，配置高 40 cm、凳面防滑的稳固浴凳，实现坐姿淋浴，减少体力消耗与摔倒风险，条件允许时可以选用恒温坐式淋浴器（见图 7 - 29、图 7 - 30）。

图 7 - 28　适老化智能马桶

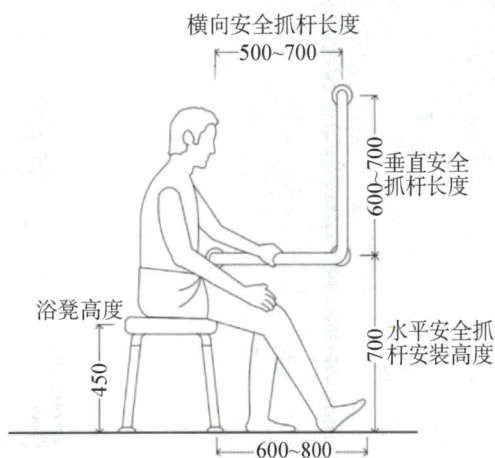

图 7 - 29　适老化浴凳

（4）盥洗区

盥洗台台面高度设为 80 cm，台下预留净高≥65 cm、进深≥35 cm 的空间，方便轮椅老年人腿部插入或坐姿洗漱；台面长度≥80 cm，预留充足置物空间。镜子下沿距地面 80～95 cm，适配坐姿老年人视线；旁侧墙面安装高 1.2 m 的横杆式毛巾杆，便于老年人洗手后就近擦手，避免水滴落地造成湿滑。盥洗台两侧可安装 80～85 cm 高、间距 65～70 cm 宽的扶手。水龙头采用抬杆式冷热水混合水龙头（非旋钮式），减少手部扭转力度，出水温度控制在 38℃以内，防止烫伤；水龙头下方柜体设置热水循环装置，实现即热式供水，避免老年人长时间等待。见图 7 - 31。

（5）照明与通风

顶灯选用漫射光吸顶灯，照度≥150 lx；安装 LED 镜前灯避免背光阴影影响洗漱操作。排气扇与风暖设备集成安装（如浴霸），换气量≥30 m³/h，快速排出湿气并干燥地面，减少湿滑风险。见图 7 - 32。

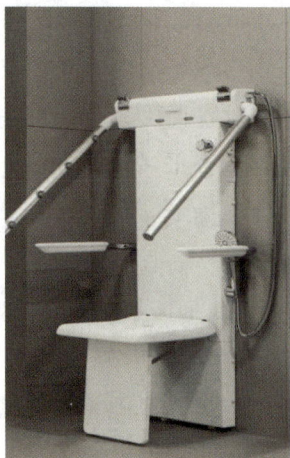

图 7-30 恒温坐式淋浴器

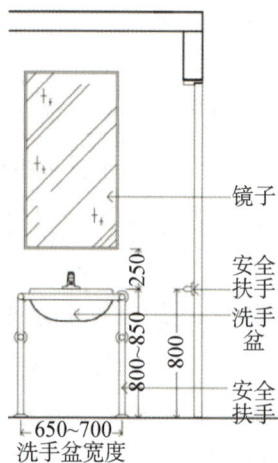

图 7-31 盥洗区尺寸示意

（6）紧急呼叫装置

在坐便器旁墙面高度 90 cm 与淋浴区墙面高度 1.1 m 的位置上安装紧急呼叫器，配备下端距地 10 cm 的拉绳，确保老年人摔倒后可拉动报警。呼叫器需具备声光提示功能（闪烁灯光＋蜂鸣器），并同步向客厅或子女手机传输信号，构建双重报警机制以提升救援效率。见图 7-33。

图 7-32 排气扇与照明灯光

图 7-33 卫生间配置扶手与紧急呼叫器

知识点四：厨房、餐厅的适老化设计

厨房与餐厅是老年人日常饮食准备与用餐的核心区域，设计需兼顾操作安全、动线便捷、视线连通，从空间布局、设备选型、细节处理三方面落实适老化要求。

1. 厨房适老化设计要点

厨房是老年人高频使用且潜在风险较高的空间，设计核心在于减少弯腰/踮脚操作、保障烹饪安全、优化操作动线（见图 7-34）。

（1）空间布局与操作台面

① 连续台面设计：采用"I 形""L 形"或"U 形"连续操作台，将炉灶、水池、备菜区串联，避免老年人频繁转身搬运食材（见图 7-35）。台面高度 85～90 cm，适配站姿操作；下方若需轮椅靠近，预留净高≥65 cm、进深≥45 cm 的空间，可取消下方柜体或采用可折叠隔板，方便坐姿操作。

② 吊柜与中部柜：吊柜深度控制在 35 cm 以内，防止碰头，底部距台面 50～60 cm；在墙面 1.2～1.6 m

高度设置开敞式中部柜或搁架,厚度 20~25 cm,便于老年人取放碗碟、调味品等常用物品,形成"黄金操作高度区"。见图 7-36。

图 7-34　厨房操作尺寸示意图

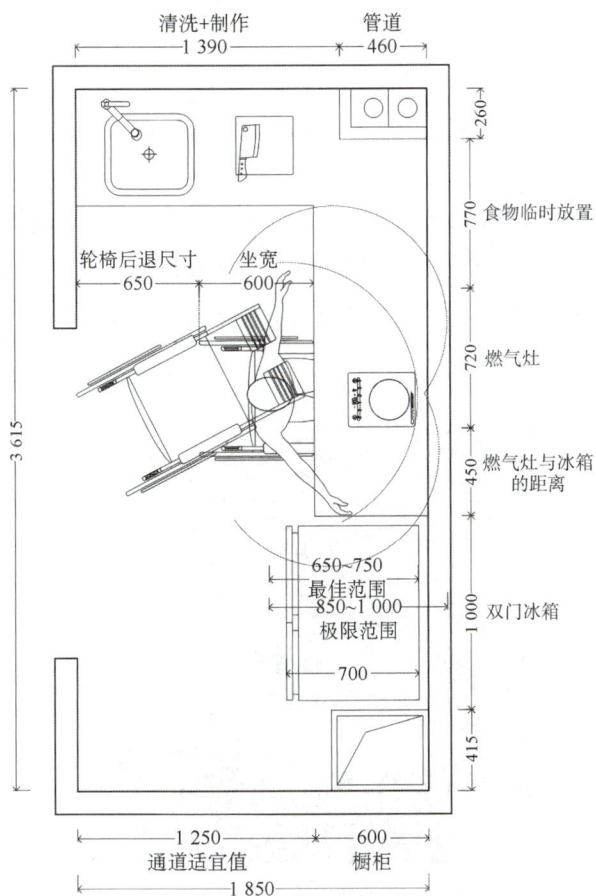

图 7-35　厨房连续台面设计

图 7-36　吊柜设置升降式拉篮

③ 电器位置:微波炉、电饭煲等常用电器放置在操作台面上,高度 85 cm,避免嵌入吊柜或地柜,以免老年人踮脚或弯腰操作;冰箱旁预留 40 cm 宽接手台面,便于老年人放置刚取出的食材或餐具,减少来回搬运。

(2) 设备安全与细节

① 炉灶与水池:炉灶两侧留出≥20 cm 宽台面,避免手臂碰墙,与水池间距≥45 cm,防止水溅入油锅,中间台面可放置沥水篮、调味罐等,形成"洗—切—炒"流畅动线。

② 地面与照明:地面采用防滑地砖,可选择 30 cm×30 cm 小尺寸地砖增加摩擦,门口与餐厅地面齐平或设 1∶12 缓坡;操作区上方设柜底灯,照度≥200 lx,弥补顶灯阴影,方便老年人看清刀具、食材细节(见图 7-37)。

③ 紧急防护:炉灶配备自动熄火保护装置,墙面预留燃气报警器插座(见图 7-38);操作台侧面安装紧急呼叫按钮,高度 90 cm,应对突发状况如烫伤、摔倒等。

图 7-37 厨房用防滑地砖、配柜底灯

图 7-38 炉灶配备自动熄火保护装置

2. 餐厅适老化设计要点

餐厅设计需注重与厨房的联动便利、轮椅适配、用餐舒适性,打造安全且温馨的饮食空间。

(1) 空间联动与视线连通

① 餐厨视线联系:厨房门采用玻璃材质或局部透明设计,如果建筑结构允许,也可在墙面开设传菜口,高度 90 cm、宽度 60 cm,方便老年人端菜时观察餐厅情况,便于家人协助(见图 7-39)。

② 电视观看需求:若餐厅与客厅相连,餐桌位置需兼顾观看电视的视角,让老年人在用餐时观看节目,增加家庭互动性(见图 7-40)。

图 7-39 餐厅与厨房之间设置传菜洞口

图 7-40 餐桌位置能看到电视

（2）餐桌与座椅选型

① 餐桌尺寸：桌面高度75～80 cm，下方净高≥65 cm、进深≥45 cm，确保无柜体遮挡，方便轮椅老年人腿部插入；圆形餐桌直径≥1.2 m，方形餐桌边角做倒圆处理，半径≥5 cm，避免尖角磕碰。

② 座椅选择：餐椅高度40～45 cm，配备扶手便于起坐撑扶，座面采用防滑材质如布艺或木质；轮椅专用位预留1.5 m直径回转空间，餐桌旁侧距墙≥80 cm，确保轮椅靠近餐桌（见图7-41）。

（3）照明与收纳

① 照明设计：主灯采用漫射光吊灯，照度≥200 lx，避免使用水晶灯等复杂造型以防坠落风险；餐桌上方设可调节射灯，聚焦用餐区，照度300 lx，方便老年人看清食物细节。

② 收纳细节：墙面设置低位餐边柜，高度80～120 cm，采用开放式格架放置餐具、水杯，减少频繁开柜门的不便；柜面预留30 cm宽空间，用于放置保温饭盒、餐巾纸等常用物品，随手可取（见图7-42）。

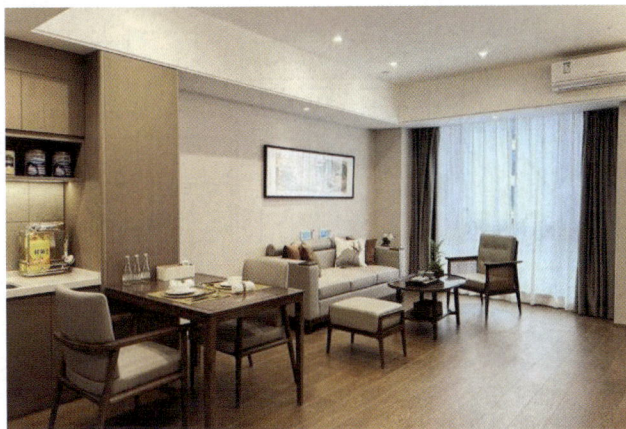

图7-41　预留轮椅使用的回转空间

图7-42　开放式格架餐边柜方便拿取餐具

知识点五：卧室、书房的适老化设计

卧室与书房是老年人休息、阅读及开展私密活动的核心空间，设计需以安全便捷、提升生活舒适度为目标，从家具配置、照明规划、细节处理等方面落实适老化要求，打造兼具安全性与舒适性的居住环境。

1. 卧室适老化设计要点

卧室是老年人每日停留时间最长的区域，核心在于保障睡眠质量、起夜安全及日常活动便利。

（1）床具选择与布局

床的高度需适配老年人身体机能，建议床面高度控制在45～55 cm，与老年人膝盖高度齐平，便于轻松上下床。老年夫妇可根据作息习惯考虑分床设计，两张单人床保持50 cm以上间距，减少起夜或翻身时的相互干扰。针对需要护理的老年人，床边应预留80 cm以上宽度的通道，方便轮椅进出或护理操作；床尾处设置65 cm高的木质床尾板，边缘做圆角处理，为老年人起身提供稳固的撑扶点，床头设置紧急呼叫器（见图7-43），方便满足老年人需求。床头柜高度建议60 cm，略高于床面，采用抽屉式设计并设置分区隔板，方便老年人坐姿取放眼镜、药品等常用物品，台面边缘上翻防止物品滑落（见图7-44）。

（2）照明系统与环境控制

照明设计注重便捷性与舒适性，卧室主灯需在门口和床头分别设置双控开关，避免老年人关灯后摸黑行走。床头区域增设可调节阅读灯（见图7-45），照度控制在300 lx以上，开关置于伸手可及的位置，满足睡前阅读需求。空调室内机避免正对床头安装，可通过加装挡风板调整送风方向，防止冷风直吹引发身体不适;窗户下方设置低位通风口,高度1.2 m左右,便于老年人卧床时开启换气,同时安装纱窗保障室内通风与防蚊需求。

(3)地面材质与收纳设计

地面采用防滑性能良好的木质地板或防滑PVC材质,避免使用地毯或易反光材料,门口与走廊地面保持齐平,消除高差带来的绊倒风险。衣柜内部结构优化,设置1.2 m高度的低位挂杆和80～120 cm高度的开放式格架,方便老年人取放常穿衣物;柜门前预留80 cm宽度空间,确保老年人站立或坐姿状态下能轻松开关柜门(见图7-46)。

图7-43 设置按键与拉绳结合的紧急呼叫器

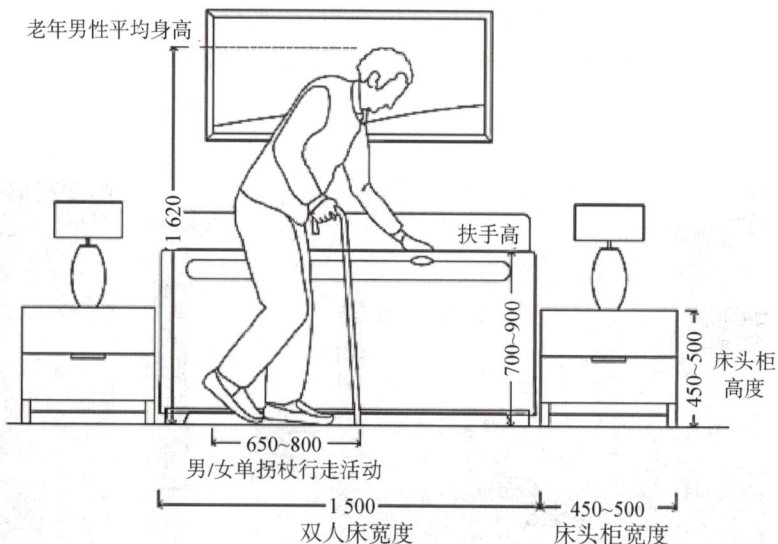

图7-44 老年人卧室尺寸示意图

图7-45 床头设置阅读灯

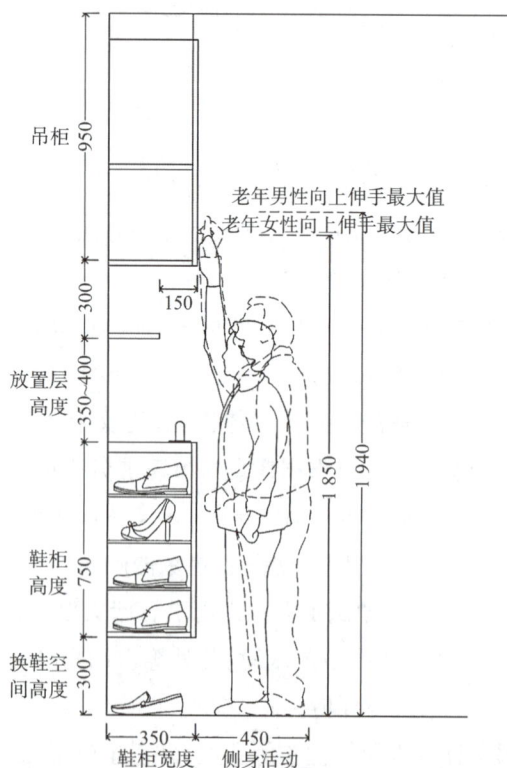

图7-46 老年人衣柜使用尺寸示意图

2. 书房适老化设计要点

书房作为老年人阅读、书写及从事兴趣活动的空间,需兼顾操作便利与身体舒适,减少因视力、肢体机能衰退带来的不便。

(1)书桌与座椅的适老选型

书桌高度设定为 75～80 cm,下方预留净高 65 cm、进深 45 cm 以上的空间,避免柜体遮挡,方便乘坐轮椅的老年人腿部插入(见图 7-47)。桌面边缘做倒圆处理,圆角半径不小于 5 cm,防止磕碰受伤;桌面前沿设置 5 cm 高的挡板,避免文具或物品滑落。座椅选择带扶手的办公椅,椅面高度 40～45 cm,扶手高度 65 cm,材质透气防滑,底部配备可锁定的刹车轮,确保老年人起身时座椅稳定不滑动。

(2)照明布局与设备细节

照明系统采用主灯＋局部灯组合模式(见图 7-48),主灯选用漫射光吸顶灯,确保整体照度达到 200 lx 以上。书桌上方配置可调节色温与照度的台灯,阅读时提供 500 lx 以上的明亮光线,休息时切换为暖光营造舒适氛围。书桌旁设置插座,预留 2～3 个带 USB 接口的插座,方便为电子设备充电。书房吸顶灯开关采用单大按键面板,安装高度 1.2～1.4 m,便于老年人操作。

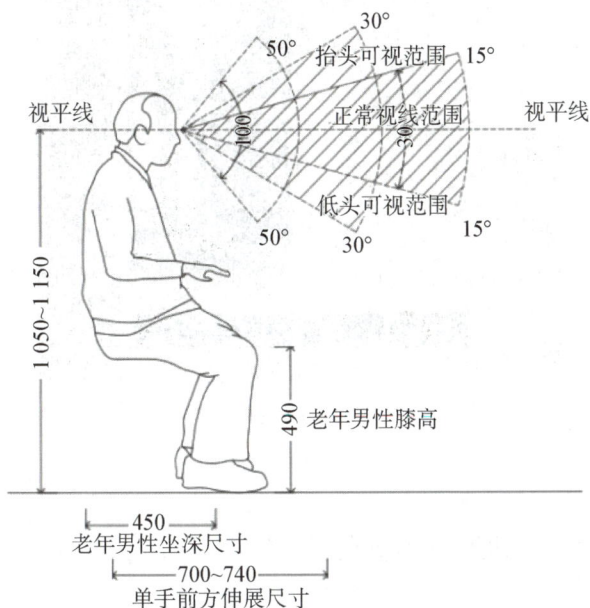

图 7-47 老年人坐姿尺寸

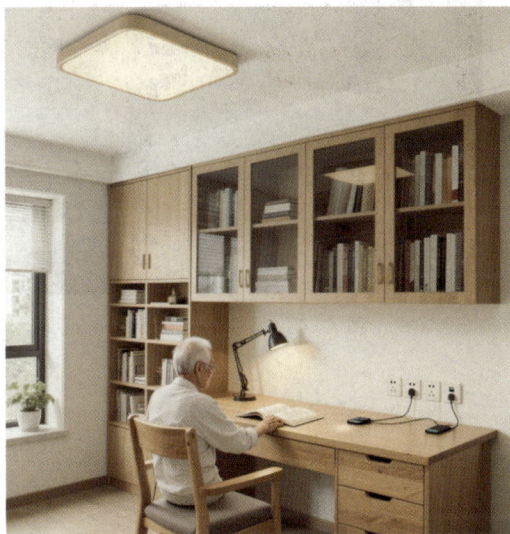

图 7-48 主灯+局部灯组合以保证书房亮度

(3)空间舒适性与收纳设计

书桌尽量靠近窗户布置,利用自然采光并保持良好通风,夏季可安装电动百叶帘,遥控器放置在桌面上便于操作。墙面设置 80～160 cm 高度的低位书架,采用开放式层板,层板间距 30 cm,方便取放书籍;书架底部留空 30 cm,用于放置常用物品或收纳盒,避免老年人弯腰取物。

知识点六:其他辅助空间的适老化设计(储物空间、阳台及洗衣区)

储物空间、阳台及洗衣区虽非老年人高频活动区域,但合理设计能显著提升生活便利性与安全性,需从操作便捷、动线流畅、安全防护角度落实适老化细节。

1. 储物空间适老化设计

储物空间需兼顾常用物品易取、重物存放安全、减少弯腰/踮脚,重点关注柜体高度与布局。

（1）低位储物柜与开放式格架

在客厅、卧室、厨房等区域贴墙设置 80～120 cm 高的低位储物柜（如餐边柜、衣柜中部格架），采用开放式层板或平拉门设计，方便老年人站立时直接取放日常用品，避免频繁开合柜门。储物柜深度控制在 30～40 cm，防止物品堆放过深难以拿取，层板间距 30 cm。

（2）吊柜与高柜安全设计

吊柜底部距地≤1.6 m（见图 7-49），深度≤35 cm，避免老年人踮脚取物；高层柜体（如阳台储物柜）配备下拉式拉篮或伸缩杆，通过拉拽将物品降至 1.5 m 高度范围内。

（3）地面储物与防滑处理

衣柜、鞋柜底部留空 15～30 cm，用于放置常用鞋或收纳盒，老年人无需弯腰即可查看（见图 7-50）；储物间地面采用防滑地砖，门口与走廊地面齐平，内部通道宽≥80 cm，确保轮椅或助行器进出顺畅。

图 7-49　吊柜高度≤1.6 m

图 7-50　衣柜

2. 阳台适老化设计

阳台集洗衣、晾晒、休闲功能于一体，需平衡家务便利与休闲舒适，重点解决弯腰、登高、湿滑问题。

（1）洗衣区功能集成

① 洗衣机与操作台：洗衣机高度 85 cm，顶部与老年人的腰部齐平，便于老年人站立操作（如取放衣物、调节按钮，见图 7-51）。高度 90 cm 的位置可设置 80 cm 宽的台面，用于放置洗衣液、晾衣架等物品，台面边缘上翻 5 cm 防物品滑落。洗衣机旁墙面可安装 90 cm 高的折叠式扶手，方便老年人俯身取衣物时可借力稳定身体。

② 排水与防滑：地面坡度≥2‰，地漏直径≥5 cm，确保快速排水；选用防滑地砖，洗衣机进出水管固定于墙面（防绊倒），阳台与客厅衔接无高差（见图 7-52）。

（2）晾晒与休闲设计

① 升降晾衣杆：安装电动或手摇式升降晾衣杆，最低高度 1.2 m（老年人站立可触达），最高高度 1.8 m（不影响阳台采光），避免使用固定式高晾衣架（需登高晾晒）。晾衣杆下方预留 1.5 m 直径回转空间，方便轮椅老年人靠近挂取衣物。见图 7-53。

② 休闲区配置：阳台角落设 45 cm 高的带扶手的休闲椅供老年人使用，座椅材质防晒防滑；墙面可以设置 80 cm 高的矮柜，用于放置茶杯、园艺工具等，柜面安装护栏防止物品掉落。见图 7-54。

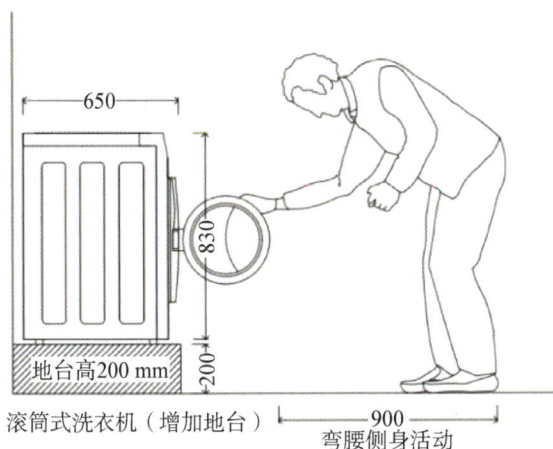

滚筒式洗衣机（增加地台）　　弯腰侧身活动

图 7-51　阳台洗衣机做增高处理

图 7-52　客厅与阳台地面过渡无高差

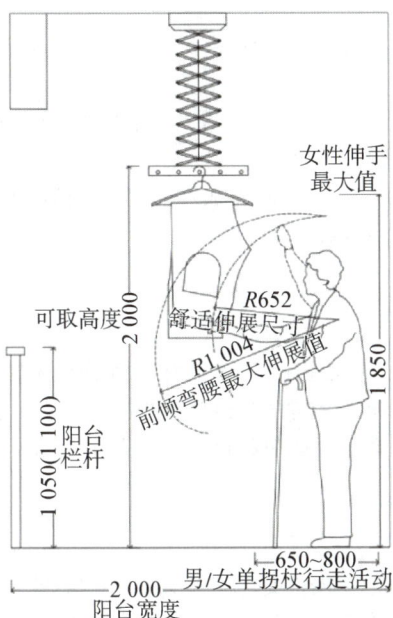

图 7-53　老年人晾晒衣物尺寸示意图

图 7-54　阳台休闲区配置

任务实施

任务 1　门厅入口与客厅的适老化设计改造。

表 7-1　任务实施表(任务 1)

工作内容	工作过程	技术要点
空间勘察与需求梳理	1. 测量门厅/客厅关键尺寸 ① 门厅通道宽度、换鞋区尺寸、客厅沙发间距 ② 记录问题：门槛高差、沙发进深过深、通道狭窄 2. 与业主确认需求 换鞋方式（坐姿为主）、轮椅通行需求、客厅活动习惯（看电视/接待）	① 安全：防滑地面、无高差门槛（≤1.5 cm） ② 便利：换鞋凳高度（40~45 cm）、沙发扶手高度（65~70 cm） ③ 适配：轮椅回转空间（直径 1.5 m）、低位搁板（80~120 cm，放常用物品）

（续表）

工作内容	工作过程	技术要点
资料与需求清单准备	1. 整理门厅/客厅适老化要点 ① 门厅:坐姿换鞋凳、鞋柜底部留空、鞋柜台面撑扶 ② 客厅:硬扶手沙发、轻便茶几、双控照明 2. 向乙方提交需求 沙发进深≤55 cm,茶几可移动	① 门厅:换鞋凳带扶手(80~90 cm 高鞋柜台面辅助撑扶);鞋柜底部留空 30 cm(方便取鞋) ② 客厅:沙发坐高 45 cm(起身轻松),通道宽度≥1.2 m;茶几台面高 55~60 cm(高于沙发坐面)
布局与动线优化	1. 审核平面方案 ① 门厅鞋柜是否阻挡入户动线,换鞋区是否靠近扶手 ② 客厅沙发旁是否预留轮椅回转空间(直径 1.5 m) ③ 照明开关是否双控(入口＋床头) 2. 提出修改 "客厅通道宽度需拓宽至 1.2 m"	① 动线原则:门厅换鞋区与鞋柜动线顺畅,避免开门碰撞;客厅主要通道无家具阻挡,轮椅可直达沙发旁 ② 禁忌:禁止沙发过深(≥55 cm)、茶几过重(不便移动)
设施选型与细节把控	1. 审核乙方提供的家具 ① 门厅:40 cm 高换鞋凳(防滑面)、35 cm 深鞋柜(不挡通道) ② 客厅:硬扶手沙发(布艺材质)、小型化茶几(边长≤80 cm) 2. 确认材质 地面防滑地砖/地板,家具边角倒圆(半径≥5 cm)	① 操作便利:换鞋凳与鞋柜台面高度适配(撑扶省力) 沙发扶手硬材质(起身借力),茶几底部留空(腿部伸展) ② 安全细节:地毯边缘固定(防卷边)、空调避免直吹沙发
关键节点检查	1. 施工阶段抽查 ① 地面:门厅无高差门槛,防滑地砖铺贴 ② 家具:沙发进深 54 cm(达标),换鞋凳高度 43 cm(实测) ③ 照明:双控开关位置合理(1.3 m 高)	核心指标:防滑地面(泼水测试无打滑);无障碍通行(轮椅通过门厅/客厅无卡顿);撑扶设施高度适配(鞋柜台面、沙发扶手 85 cm)
模拟体验与交付	1. 简单体验测试 ① 坐姿换鞋(凳子高度合适,撑扶省力) ② 轮椅转向(沙发旁空间足够,360°无阻碍) 2. 签署验收单 记录"换鞋区安全""客厅动线顺畅"等合格项	① 体验要点:老年人起坐轻松(沙发扶手高度适配);日常活动便利(茶几移动轻松,照明开关顺手) ② 交付重点:无安全隐患(无尖角、防滑到位)

任务 2　卫生间的适老化设计改造。

表 7－2　任务实施表(任务 2)

工作内容	工作过程	技术要点
空间勘察与需求梳理	1. 测量卫生间关键尺寸 ① 门洞宽度、干湿区面积、现有马桶/盥洗台高度 ② 记录问题:地面湿滑、无扶手、门槛高差 2. 与业主确认需求 洗澡方式(坐姿/站姿)、是否需要轮椅辅助、紧急呼叫位置	① 安全:干湿分离、防滑地面、扶手系统 ② 便利:盥洗台下方留空、智能便座、紧急呼叫器 ③ 适配:轮椅进出(门洞≥80 cm)、浴凳高度(40 cm)

（续表）

工作内容	工作过程	技术要点
资料与需求清单准备	1. 整理卫生间适老化要点 ① 必选:防滑地砖、L形马桶扶手、紧急呼叫器 ② 可选:智能便座、镜前灯、折叠浴凳 2. 向乙方提交需求 卫生间用外开门,扶手高度 80~90 cm	核心需求:干湿分离(湿区居内,干区外置);马桶旁 L 形扶手(竖向距前端 20~25 cm);盥洗台高度 80 cm,下方净空≥65 cm
布局与动线优化	1. 审核平面方案 ① 是否采用推拉门/外开门(禁止内开门) ② 淋浴区是否预留浴凳空间(90 cm×90 cm) ③ 紧急呼叫器是否在马桶旁+淋浴区双点位 2. 提出修改 淋浴区加水平扶手,马桶选 500 mm 高轮椅款	① 布局原则:干湿区用挡水条+缓坡分隔,无高差门槛;轮椅回转空间(马桶旁、淋浴区直径 1.5 m) ② 禁忌:禁止盥洗台下方设柜体(需留空轮椅腿部)
设施选型与细节把控	1. 审核乙方提供的设施 ① 安全:防滑浴凳(40 cm 高)、抬杆式水龙头 ② 设备:智能便座(加热功能)、镜前防雾灯 2. 确认材质 地面 30 cm×30 cm 防滑地砖,扶手木质/ABS 塑料(温润触感)	① 操作便利:水龙头抬杆式(非旋钮,省力);浴凳稳固(承重 150 kg),紧急呼叫器拉绳距地 10 cm ② 安全细节:淋浴区扶手水平+竖向组合(多角度撑扶);马桶盖缓降功能(防夹手)
关键节点检查	施工阶段抽查 ① 地面:湿区用防滑地砖,挡水条高度≤2 cm ② 扶手:L 形扶手高度 85 cm(实测),膨胀螺丝固定 ③ 门:外开门净宽 82 cm(达标),开启无阻碍	核心指标:防滑地面(湿区摩擦系数达标);扶手承重稳固(悬挂 50 kg 无松动);无障碍门宽(轮椅进出顺畅)
模拟体验与交付	1. 简单体验测试 ① 坐姿使用马桶(扶手位置合适,起坐轻松) ② 淋浴区撑扶扶手(站立/坐姿均能触达) 2. 签署验收单 记录"扶手稳固""地面防滑"等合格项	① 体验要点:老年人起坐安全(扶手高度适配);洗漱便利(盥洗台下方空间够轮椅靠近) ② 交付重点:紧急呼叫器灵敏,无湿滑风险

任务 3　厨房、餐厅的适老化设计改造。

表 7‑3　任务实施表(任务 3)

工作内容	工作过程	技术要点
空间勘察与需求梳理	1. 测量厨房/餐厅关键尺寸 ① 操作台高度、餐桌下方净空、通道宽度 ② 记录问题:地面防滑性、吊柜高度、轮椅通行阻碍 2. 与业主确认需求 烹饪习惯(站立/坐姿)、轮椅使用需求、收纳习惯	① 安全:防滑地面(湿区小地砖)、无高差门槛 ② 便利:操作台高度(75~90 cm)、餐桌下方净空(≥65 cm) ③ 适配:轮椅回转空间(直径 1.5 m)、低位收纳(80~120 cm)
资料与需求清单准备	1. 整理适老化设计要点清单 ① 厨房:连续操作台、电器低位摆放、炉灶安全间距 ② 餐厅:圆角餐桌、带扶手餐椅、视线连通厨房 2. 向乙方提交需求 向乙方提交需求说明书,明确核心指标	① 厨房:操作台下方留空(净高≥65 cm,轮椅适配);吊柜深度≤35 cm(防碰头) ② 餐厅:餐桌高度 75~80 cm,通道宽度≥1.2 m;餐椅带扶手(高度 65 cm,便于撑扶)

(续表)

工作内容	工作过程	技术要点
布局与动线优化	1. 审核平面方案 ① 厨房是否形成"洗—切—炒"连续动线 ② 餐厅与厨房是否视线连通(传菜口/玻璃隔断) ③ 轮椅路径是否无阻碍(通道≥1.2 m,餐桌旁留1.5 m回转空间) 2. 提出修改 餐桌下方取消柜体,确保净空≥65 cm	① 动线原则:厨房操作半径≤1.5 m,减少转身;餐厅与厨房直接连通,传菜距离≤2 m ② 禁忌:禁止吊柜遮挡视线,餐桌尖角设计
设施选型与细节把控	1. 审核乙方提供的家具/设备 ① 厨房:抽屉式地柜(非柜门)、操作台插座高0.8~1.2 m ② 餐厅:轻便茶几(边长≤80 cm)、餐边柜开放格架(80~120 cm高) 2. 确认材质 地面防滑地砖、餐桌椅温润木质(避免金属)	① 操作便利:常用电器放台面(85 cm高,免弯腰);餐椅40~45 cm高,扶手硬材质(便于起身) ② 安全细节:炉灶自动熄火保护,餐桌边角倒圆(半径≥5 cm)
关键节点检查	1. 施工阶段抽查 ① 地面:厨房/餐厅无高差,防滑地砖铺贴 ② 橱柜:操作台高度85 cm,下方净空65 cm(实测) ③ 门窗:餐厅门宽≥80 cm,轮椅可顺畅通过 2. 功能初验 抽屉式地柜滑动顺畅,餐椅扶手稳固	核心指标:防滑地面(泼水测试无打滑);无障碍通行(轮椅通过无卡顿);低位操作(伸手可及常用物品)
模拟体验与交付	1. 简单体验测试 ① 坐姿打开抽屉(无需弯腰) ② 轮椅靠近餐桌(下方净空足够) 2. 签署验收单 记录合格项(如"操作台高度合适""通道无阻碍")	① 体验要点:老年人起坐轻松(餐椅扶手高度适配);端菜动线顺畅(厨房到餐厅无狭窄拐角) ② 交付重点:设施无安全隐患(无尖角、防滑到位)

任务4 卧室、书房的适老化设计改造。

表7-4 任务实施表(任务4)

工作内容	工作过程	技术要点
空间勘察与需求梳理	1. 测量卧室/书房关键尺寸 ① 床高、床头柜高度、书桌高度及下方净空 ② 记录问题:照明不足、衣柜过高、书桌边角锋利 2. 与业主确认需求 睡眠习惯(分床/同床)、阅读需求、轮椅使用情况	① 安全:紧急呼叫器(床头/卫生间联动)、圆角家具 ② 便利:双控照明、低位衣柜格架、书桌下方留空 ③ 舒适:温润材质、无眩光照明、适高床具
资料与需求清单准备	1. 整理卧室/书房适老化要点 ① 卧室:床高45~55 cm、床头柜抽屉式、紧急呼叫器 ② 书房:书桌75~80 cm高、带扶手座椅、局部台灯 2. 向乙方提交需求 衣柜中部设80~120 cm开放格架	① 卧室:床面高度与膝盖齐平(便于上下床)床头柜60 cm高(略高于床面,坐姿取物) ② 书房:书桌下方净空≥65 cm(轮椅腿部插入);座椅带扶手(高度65 cm,起坐撑扶)

（续表）

工作内容	工作过程	技术要点
布局与动线优化	1. 审核平面方案 ① 卧室床旁是否预留 80 cm 宽护理通道（需护理时） ② 书房书桌是否靠近窗户（自然采光），通道宽度≥80 cm ③ 衣柜是否设低位挂杆（1.2 m 高） 2. 提出修改 书桌边角倒圆，卧室主灯设双控	① 布局原则：卧室动线为床→卫生间，直线无阻碍；书房书桌与座椅间距舒适，预留轮椅回转空间 ② 禁忌：禁止衣柜过深（≤60 cm）、书桌过高（＞80 cm）
设施选型与细节把控	1. 审核乙方提供的家具/设备 ① 卧室：木质床尾板（65 cm 高，圆角）、紧急呼叫器（拉绳距地 10 cm） ② 书房：可调节台灯（照度≥500 lx） 2. 确认材质 卧室地板为防滑木质/PVC，书房书桌为温润材质（避免金属）	① 操作便利：床头柜抽屉式（非柜门，直接取物）；书桌插座高 0.8 m（台面以上，方便充电） ② 安全细节：床具边缘倒圆（半径≥5 cm）、书房电线隐藏处理
关键节点检查	施工阶段抽查 ① 卧室：床高 48 cm（实测）、床头柜抽屉顺畅 ② 书房：书桌高度 78 cm，下方净空 66 cm（达标） ③ 照明：床头阅读灯开关距床沿 30 cm（顺手可及）	核心指标：床具高度适配（老年人上下床轻松）；书桌下方空间足够（轮椅可靠近）；紧急呼叫器位置合理（床头/卫生间双点位）
模拟体验与交付	1. 简单体验测试 ① 坐姿打开床头柜抽屉（无需弯腰） ② 轮椅靠近书桌（下方净空容纳腿部） 2. 签署验收单 记录"床高合适""书桌操作便利"等合格项	① 体验要点：起夜照明（夜灯照度柔和不刺眼）；阅读舒适（台灯照度充足，无反光） ② 交付重点：无尖角、防滑到位、紧急呼叫响应及时

任务 5　其他辅助空间（储物、阳台与洗衣区等）的适老化设计改造。

表 7-5　任务实施表（任务 5）

工作内容	工作过程	技术要点
空间勘察与需求梳理	1. 测量储物间、阳台、洗衣区尺寸 ① 储物柜高度、阳台晾衣杆位置、洗衣机高度 ② 记录问题：储物弯腰不便、阳台湿滑、洗衣区高差 2. 与业主确认需求 储物习惯（常用物品低位存放）、阳台功能（洗衣/晾晒/休闲）	① 安全：阳台为防滑地面、洗衣区防水、储物柜稳固 ② 便利：低位开放格架、升降晾衣杆、洗衣机高度适配 ③ 适配：储物间通道宽度、阳台轮椅回转空间
资料与需求清单准备	1. 整理辅助空间适老化要点 ① 储物：低位储物柜（80～120 cm）、重物下放 ② 阳台：升降晾衣杆、防滑地砖、折叠扶手 ③ 洗衣区：洗衣机 85 cm 高，下方留空，安装紧急呼叫按钮 2. 向乙方提交需求 阳台设 1:12 缓坡，储物柜底部留空 30 cm	① 储物空间：常用物品放 80～120 cm 高度（站立可及）；重物存于底层抽屉（高度≤60 cm，免搬举） ② 阳台/洗衣：晾衣杆最低 1.2 m（站立可触达）；洗衣机顶部设台面（90 cm 高，放洗衣液）

（续表）

工作内容	工作过程	技术要点
布局与功能优化	1. 审核平面方案 ① 储物柜是否分高低区（低位开放，高位可升降） ② 阳台是否干湿分离（洗衣区与休闲区分隔） ③ 洗衣区是否紧邻卫生间（排水便利） 2. 提出修改 阳台晾衣杆改用电动升降款，储物间通道拓宽至80 cm	① 布局原则：储物间，通道≥80 cm（轮椅/助行器通过）；阳台，洗衣区地面坡度2%（快速排水） ② 禁忌：禁止阳台晾衣杆为固定式（需登高）、储物柜过深（>40 cm）
设施选型与细节把控	1. 审核乙方提供的设施 ① 储物：开放式格架（层板间距30 cm）、下拉式拉篮（高层柜体） ② 阳台：防滑浴凳（40 cm高）、折叠式扶手（洗衣区墙面） ③ 洗衣区：抬杆式水龙头、洗衣机带防缠绕功能 2. 确认材质 阳台地砖防滑（30 cm×30 cm小砖）、储物柜木质层板（温润触感）	① 操作便利：储物格架开放设计（直接取物，免开门）；晾衣杆遥控操作（电动款）、洗衣机按钮放大标识 ② 安全细节：阳台栏杆高度1.1 m（防坠落）、洗衣区电线防水保护
关键节点检查	施工阶段抽查 ① 储物柜：低位格架90 cm高（实测）、底部留空29 cm（达标） ② 阳台：缓坡坡度1∶12（无高差）、晾衣杆最低1.2 m ③ 洗衣区：洗衣机高度85 cm、地漏直径5 cm（排水顺畅）	核心指标：低位储物触手可及（80～120 cm高度）；阳台防滑地面（湿滑测试无打滑）；洗衣机操作高度适配（站立无需弯腰）
模拟体验与交付	1. 单体验测试 ① 站立取放储物柜中层物品（无需弯腰） ② 阳台推动轮椅（缓坡顺畅，回转空间足够） 2. 签署验收单 记录"储物便利""阳台安全"等合格项	① 体验要点：储物轻松（常用物品低位存放） ② 晾晒省力（晾衣杆高度适配） ③ 交付重点：无高差、防滑到位、设施稳固

课后拓展

多功能集成家具适老化产品创新设计

课后习题

扫码进行在线练习。

在线练习

项目八 室内空间的适老化设计

学习目标

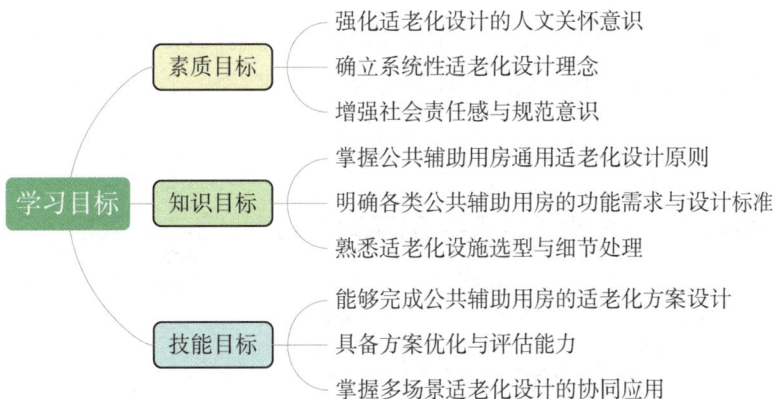

学习目标
- 素质目标
  - 强化适老化设计的人文关怀意识
  - 确立系统性适老化设计理念
  - 增强社会责任感与规范意识
- 知识目标
  - 掌握公共辅助用房通用适老化设计原则
  - 明确各类公共辅助用房的功能需求与设计标准
  - 熟悉适老化设施选型与细节处理
- 技能目标
  - 能够完成公共辅助用房的适老化方案设计
  - 具备方案优化与评估能力
  - 掌握多场景适老化设计的协同应用

情景与任务

阳光社区的老年日间照料中心是周边老年人日常活动的核心场所,主要服务60~80岁老年群体,其中不少老年人存在行动不便、视力或听力衰退等问题。72岁的张爷爷下肢关节退化,日常需拄单拐行走,膝盖弯曲困难,起身时需要借助扶手支撑;作为轮椅使用者李奶奶的陪同家属,他需频繁推轮椅出入各功能区。在使用过程中,张爷爷发现文娱区的棋牌桌间距仅有1.0 m,轮椅难以靠近桌旁,每次协助老年人就座都需要反复挪动桌椅,十分不便;康复区的训练床高度固定为75 cm,对于膝盖弯曲困难的他来说,起身时膝盖承受的压力较大,且10 kg的哑铃重量远超其抓握能力,使用时存在安全隐患。

68岁的王奶奶视力仅有0.3,分辨颜色和物体细节十分困难,手指关节僵硬导致握力较弱,无法使用细小手柄。她在健身区使用器械时,常因器械按钮标识过小,看不清操作说明而不得不放弃使用。此外,楼梯踏步前缘突出的防滑条多次将她绊倒,严重影响了她在活动中心的安全性和体验感。

请根据老人们的身体实际状况,完成以下设计改造任务。

任务1 文娱与健身用房的适老化设计改造。

任务2 康复与医疗用房的适老化设计改造。

任务3 管理服务用房的适老化设计改造。

任务4 交通空间的适老化设计改造。

任务分析

知识点一:公共辅助用房通用适老化设计原则

公共辅助用房设计的适老化设计需以无障碍通行、安全防护、功能适配为核心,构建符合老年人生理、心理需求的空间体系。

1. 无障碍通行设计原则

（1）地面安全

公共区域地面需采用防滑性能达标的材料，如摩擦系数≥0.6的防滑地砖或地胶，卫生间、厨房等湿区应选用干湿态均具备防滑功能的材料。不同区域衔接处及出入口需采用坡度≤1∶20的平坡或1∶12缓坡过渡，将高差控制在1.5 cm以内，避免门槛或突兀防滑条导致绊跌风险。

（2）通道与扶手

① 通行宽度规范：走廊净宽≥1.8 m，确有困难时不应小于1.40 m，当走廊的通行净宽大于1.40 m且小于1.80 m时，走廊中应设通行净宽不小于1.80 m的轮椅错车空间，错车空间的间距不宜大于15 m（见图8-1）。各类房门净宽度不应小于0.8 m，护理型居室门宽度需≥1.1 m，优先采用外开门或推拉门，严禁使用旋转门（见图8-2）。

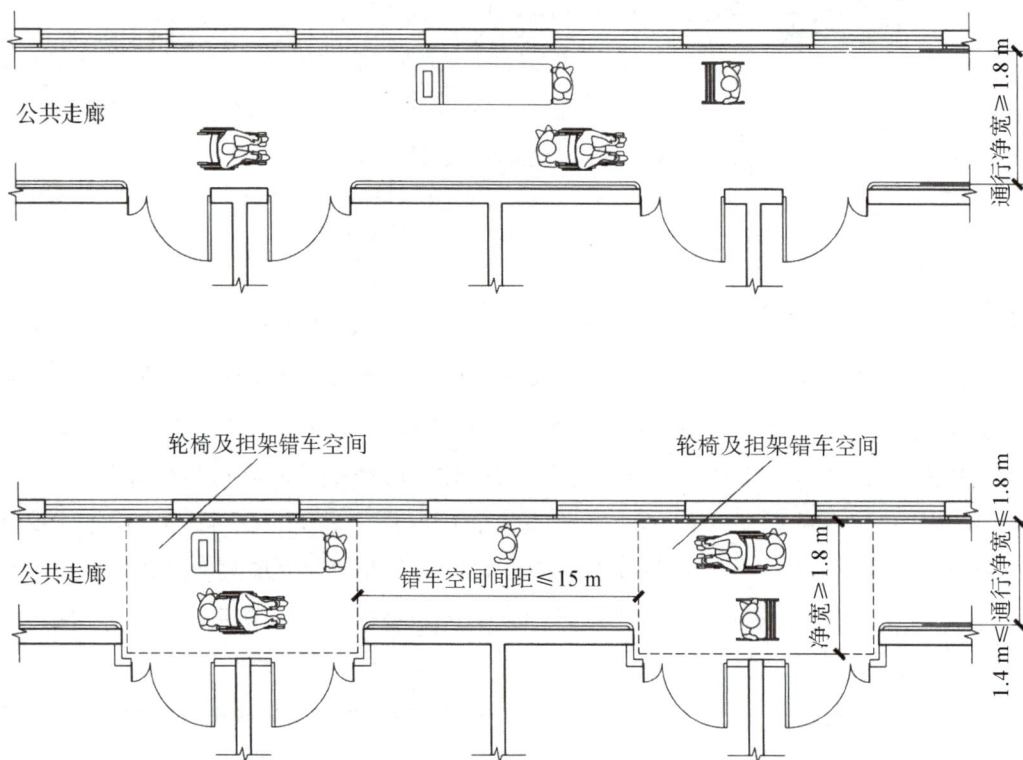

图8-1 走廊尺度示意图

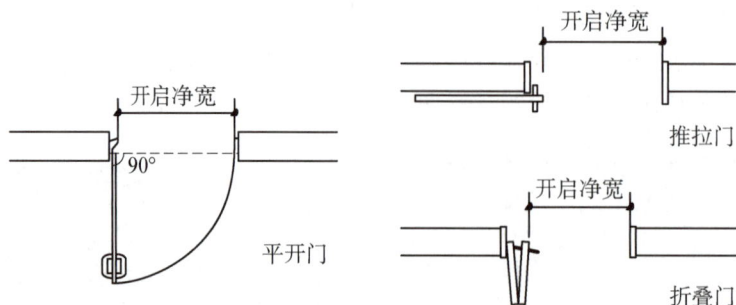

图8-2 各类房门净宽度示意图

② 连续支撑体系设置：走廊及楼梯墙面应设置高度80～90 cm的连续扶手，扶手直径35～40 mm并采用防滑材质，转弯处扶手需向外延伸30 cm，确保老年人行走时可随时借力保持平衡（见图8-3）。

（3）垂直交通设施

二层及以上楼层设置无障碍电梯，至少配备 1 台可容纳担架的电梯（轿厢深度≥1.4 m），电梯按键高度控制在 1.2～1.5 m，同时配置语音播报与盲文标识，候梯厅宽度不应小于 1.8 m。楼梯设计需遵循踏步高度≤13 cm、宽度≥30 cm 的标准，踏步前缘禁止设置突出防滑条，踏面下方封闭处理并采用防滑材料饰面，严禁采用弧形或螺旋楼梯（见图 8-4）。

图 8-3　连续扶手

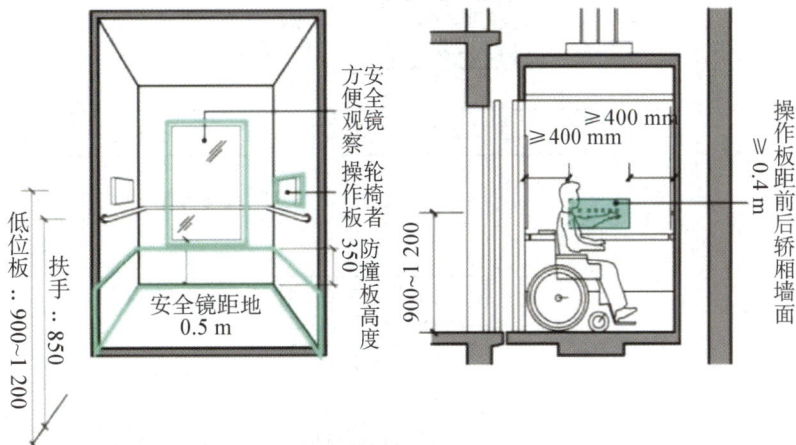

图 8-4　配置无障碍电梯

2. 安全防护设计原则

① 门窗与家具安全：外窗需设置 1.1 m 高防护栏杆，开启扇加装限位器（开启角度≤30°），防止意外坠落；室内家具边角进行倒圆处理。

② 紧急响应系统：在公共区域、老年人居室及卫生间墙面 1.1 m 高度处设置紧急呼叫装置，配备可触及地面的拉绳（距地 10 cm），确保失能老年人倒地后可拉动报警，信号同步传输至值班室或护理站。

③ 照明系统设计：主要功能区域基础照度需≥200 lx，走廊、楼梯间设置 5～10 lx 的夜灯，阅读区等精细操作区域局部照明≥500 lx；优先选用漫射光源（如吸顶灯、磨砂灯罩），避免射灯等直射光源产生眩光（见表 8-1）。开关面板采用带夜间指示灯的宽板翘板开关，安装高度 1.2～1.4 m，便于老年人站姿与坐姿操作。

表 8-1　生活用房、文娱与健身用房及辅助空间照度值

房间名称	居室	单元起居厅、餐厅	卫生间、浴室、盥洗室	文娱与健身用房	门厅	走廊	楼梯间
照度值(lx)	150	200	200	300	200	150	100

3. 功能适配设计原则

① 操作高度：坐姿使用的家具（如餐椅、沙发）高度控制在 40～50 cm；书桌、餐桌等坐姿操作桌面高度控制在 75～80 cm；站姿操作的桌面（如厨房操作台）高度控制在 85～90 cm。储物空间采用分层设计，常用物品存放于 80～120 cm 高度的低位格架，高位柜体配置下拉式拉篮，避免弯腰或登高取物。

② 活动空间预留：沙发、餐桌旁需预留直径≥1.5 m 轮椅回转区域。

③ 材质选用：扶手、柜门拉手等接触部位采用木质、塑料等材质，避免金属的冰冷感；地面、墙面材料选择抗菌易清洁类型，湿区墙面 1.2 m 以下粘贴橡胶防撞护板，减少跌倒时的冲击伤害。

知识点二：文娱与健身用房适老化设计

文娱与健身用房作为老年人社交互动、体能锻炼的核心空间，设计需在通用适老化原则基础上，聚焦活动安全性、功能多样性、环境舒适性，大型文娱与健身用房宜设置在建筑首层，地面应平整且应邻近设置公用卫生间及储藏间（见图8-5、图8-6）。

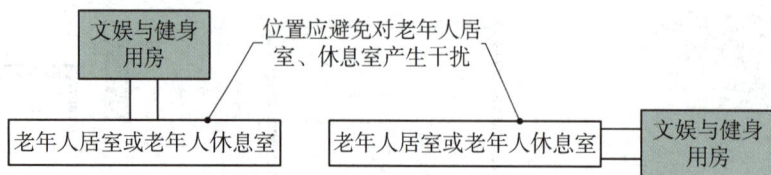

图8-5 文娱与健身用房水平位置示意图

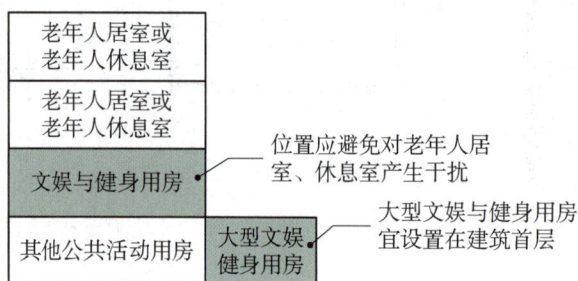

图8-6 文娱与健身用房剖面位置示意图

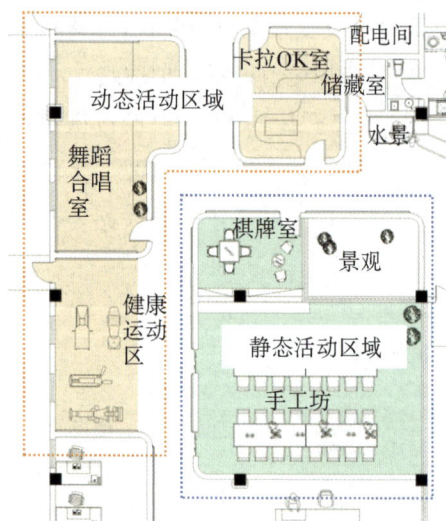

图8-7 文娱与健身用房遵循动静分离策略

1. 动静分区与面积标准

文娱与健身用房遵循动静分离策略，将棋牌、书画、阅览等静态活动区域与健身、舞蹈等动态活动区域进行分区设置，采用墙体或活动隔断隔绝噪声，避免文娱与健身用房对居室、休息室等安静房间产生干扰。

文娱与健身用房总使用面积不应小于$2\,m^2$/人（床），预留轮椅回转空间（见图8-7）。

2. 空间布局与设施选型

静态活动区中，棋牌桌、书画桌间距设置为≥1.2 m，桌面高度75～80 cm（见图8-8、图8-9）；阅览区配置带扶手阅览椅，坐高45 cm，书架高度控制在≤1.8 m，常用书籍存放于80～120 cm高度层。

动态活动区中，健身器械间距≥80 cm，预留直径1.5 m的轮椅回转空间；瑜伽、舞蹈区域地面铺设5～8 mm厚防滑地胶，墙面安装安全扶手，为老年人拉伸、平衡训练提供借力支撑。

益智类器具选择大尺寸棋牌，配备加粗笔杆书画工具及带放大镜的阅读架，适应老年人视力退化与手部抓握能力下降的需求。

健身器械优先选用低冲击类型，如坐姿健身车，座椅高度50 cm并带有扶手，扶手式漫步机步幅≤40 cm，以及可调阻力握力器，避免使用需要跳跃或快速移动的器材，降低运动风险（见图8-10）。

图8-8 配置麻将桌

图8-9 书桌下方预留轮椅空间

图8-10 健身器材

知识点三：康复与医疗用房适老化设计

康复与医疗用房是老年人进行机能训练、疾病预防及基础诊疗的重要空间，设计需兼顾专业性与适老化需求，在通用安全原则基础上，聚焦功能适配、操作便捷、卫生安全，严格遵循《老年人照料设施建筑设计标准》(JGJ 450—2018)及《社区老年人日间照料中心设施设备配置》(GB/T 33169—2016)的专项规定。

1. 康复训练区核心配置

(1) 空间布局

区分物理治疗区(如步态训练、肌力练习)与作业治疗区(如手功能训练、认知训练)，地面铺设 5 mm 厚防滑地胶(摩擦系数≥0.6)，见图 8-11。

(2) 设备选型

配备可调节高度的训练床(50～70 cm)，便于轮椅老年人完成从轮椅到床面的横向移动，同时，满足活力老年人站立后自然坐下的动作需求；肌力训练可选择低负荷设备，如可调阻力弹力带或重量≤5 kg 的哑铃。见图 8-12、图 8-13。

2. 医疗服务区设计要点

(1) 医务室配置

医务室使用面积不应小于 10 m²，平面空间形式应满足开展基本医疗服务与救治的需求，且应有较好的天然采光和自然通风条件。诊疗台高 80 cm，台下留空净高≥65 cm 供轮椅老年人靠近，配置自动体外除颤器 AED、急救箱及药品柜(需上锁，高度 1.2～1.8 m)；墙面安装身高体重测量仪。

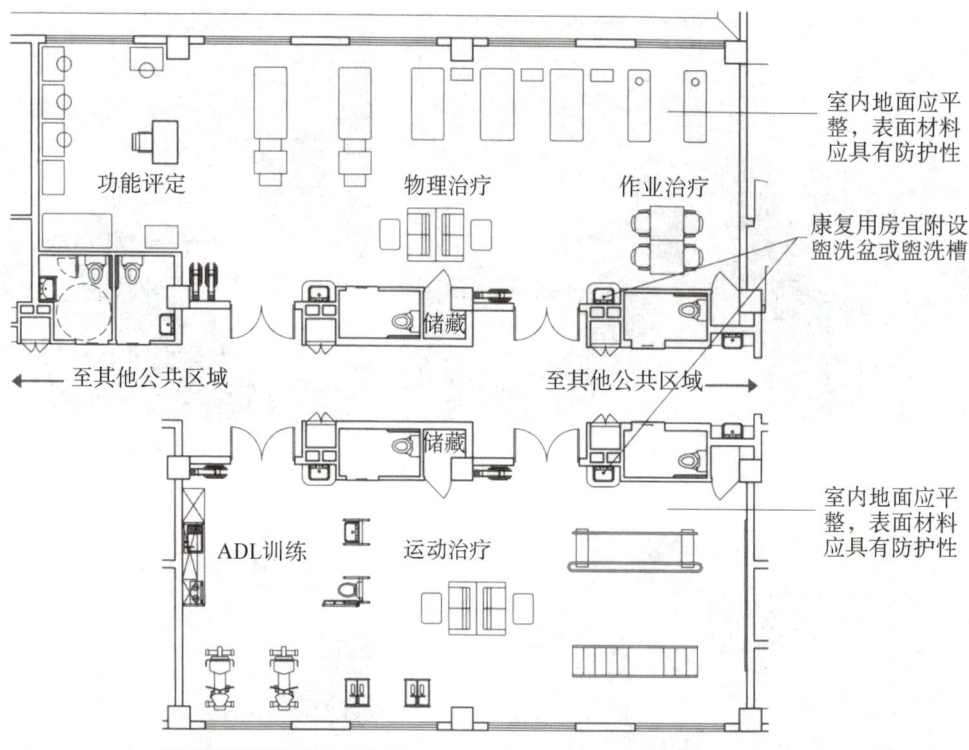

室内地面应平整，表面材料应具有防护性

功能评定

物理治疗

作业治疗

康复用房宜附设盥洗盆或盥洗槽

储藏

← 至其他公共区域

至其他公共区域 →

室内地面应平整，表面材料应具有防护性

储藏

ADL训练

运动治疗

图 8-11　康复训练区空间布局

图 8-12　可调节高度训练床

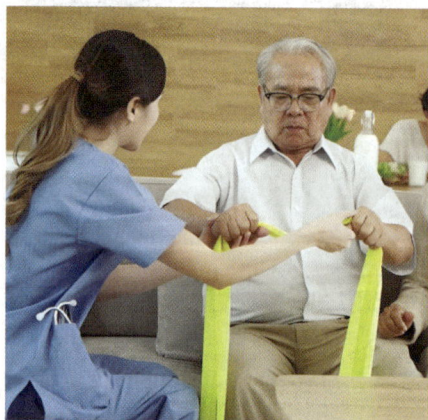

图 8-13　阻力弹力带训练

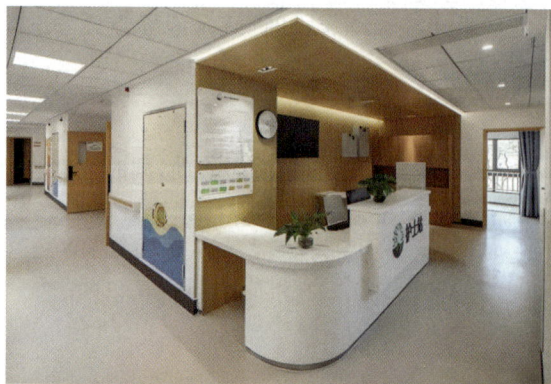

图 8-14　护理站设计

（2）护理站设计

位于康复区中心位置，设护理操作台（高度 85 cm）、呼叫系统主机及病历柜，与诊疗室视线连通，确保紧急情况快速响应（见图 8-14）。

（3）评估室设计

评估室是开展老年人能力综合评估的专用空间，主要用于系统测评老年人的身体机能、认知水平、自理能力及心理健康状况，为制订个性化照护方案、护理等级划分、康复计划提供科学依据。其设计需兼顾功能性与安全性，具体如下。

使用面积不应小于 40 m²、房间长度不小于 8 m，划分自理能力评估区（如进食、穿脱衣、如厕模拟区），基础运动能力评估区(如床椅转移、行走测试),精神状态评估区(如定向力、记忆力测试)等功能分区;门净宽≥0.8 m,地面平坦防滑,通道安装高度0.8~0.9 m的扶手,台阶踏步高度控制在13~15 cm;温度保持在22~24 ℃,湿度50%~60%,照明柔和无眩光,整体空间可仿居家布局进行设计以减少老年人的陌生感;配备护理床、坐便器、助行器、视力/听力检测设备等,并设置休息区(沙发、茶几)和评估报告区(见图8-15)。

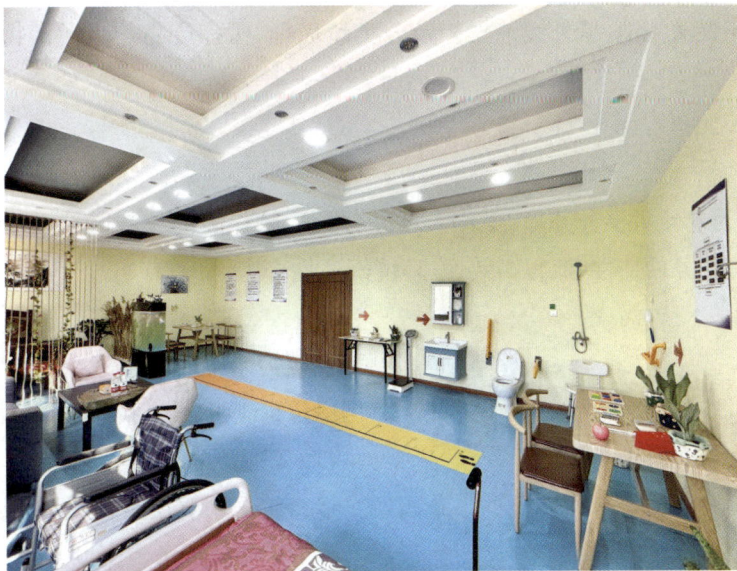

图8-15 老年人评估室

(4)心理慰藉室

心理慰藉室是专为老年人提供心理疏导、情感支持与精神关怀的专业空间,旨在通过环境设计与功能配置缓解孤独、焦虑等情绪,提升心理健康水平,其设计需充分关注老年人的心理需求,具体如下。

空间采用暖色调(如米色、浅木色)搭配自然光线和柔和的间接照明,摆放疗愈植物(如绿萝、芦荟)和装饰画以营造舒适放松感,避免压抑;设置半封闭或可调节隔断的交流区,满足一对一咨询或小组活动需求,家具选用弧形转角减少磕碰风险;配备舒缓音乐播放设备、香薰机,或引入虚拟现实(VR)设备用于怀旧疗法或放松训练;避免密集的显性适老化标识,改用柜体边缘隐形扶手等隐蔽设施,减少"衰老暗示"(见图8-16)。

图8-16 心理慰藉室

3. 通风与消毒系统

（1）空气品质控制

康复区设独立新风系统，医疗区配备紫外线消毒灯，诊疗床之间设可移动隔帘（高度1.8 m），保护隐私并减少交叉感染。

（2）污物处理

设独立污物间，配置清洗池、紫外线消毒柜及分类垃圾桶，医疗废物与生活污物流线分离，避免交叉污染。

知识点四：管理服务用房适老化设计

管理服务用房作为老年人事务办理、工作人员办公及后勤保障的核心区域，设计需平衡服务效率与老年人使用便利，聚焦服务便捷性、流程高效性、环境舒适性。

1. 服务台设计

图8-17　某养老院服务台设计

直接为老年人服务的入住登记、接待等窗口部门，其用房位置应明显、易找并设置醒目标识（见图8-17）。

（1）高低台面结合

接待台采用双层台面设计，上层站立服务台高度80 cm，下层坐姿服务台高度65 cm，与活力老年人和轮椅老年人视线平齐。台面配备放大镜、台灯，设置电子屏滚动显示服务时间、活动通知等信息。

（2）咨询与登记区

配置可移动的接待椅，文件柜高度≤1.8 m，常用表格存放于80～120 cm高度抽屉，采用彩色标签分类（如红色标注"入住登记"、蓝色标注"健康档案"），提升识别效率。

2. 办公区设计

办公管理用房应为电子办公设备的安装、使用及维护预留条件（见图8-18、图8-19）。

（1）工作人员操作台

办公桌高度75 cm，前方预留深度空间供轮椅老年人侧面靠近，电脑显示器中心高度1.2 m；值班室与活动区通过玻璃隔断连通，便于实时观察老年人状态。

（2）智能化设备

配备A3幅面的打印机、语音交互办公系统，档案管理系统设置人脸识别登录与自动归档功能，降低操作复杂度。

3. 社工用房设计

社工用房是社工开展服务及日常工作的功能性空间，其设计需兼顾功能分区合理性、无障碍通行需求与智能化管理要求。

① 功能分区：需包含办公区（处理档案、制定方案），咨询区（私密谈话），物资存储区（存放辅具、评估工具）及临时休息区。

② 无障碍与灵活性：通道宽度≥1.2 m，家具可移动调整，适应不同活动需求（如培训、会议）。

③ 智能化管理：配置电子档案管理系统、紧急呼叫联动设备，并与社区养老服务平台对接，实现服务流程标准化（见图8-20）。

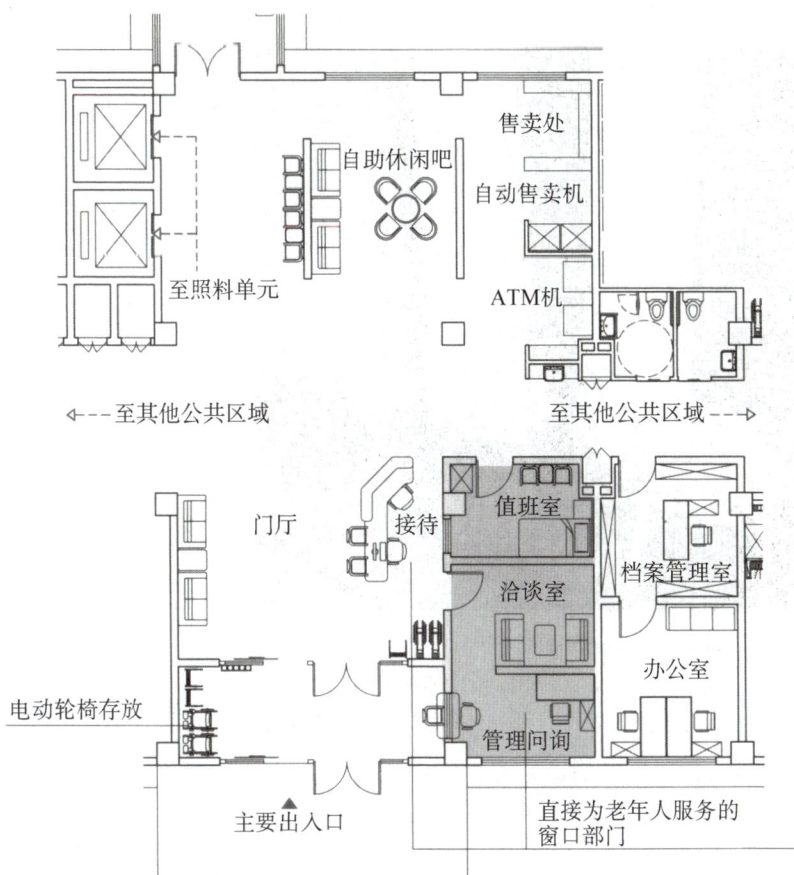

图 8-18 管理用房平面

图 8-19 咨询服务接待室示意

标注: 售卖处、自动售卖机、ATM机、自助休闲吧、至照料单元、至其他公共区域、至其他公共区域、门厅、接待、值班室、档案管理室、洽谈室、办公室、电动轮椅存放、管理问询、主要出入口、直接为老年人服务的窗口部门

图 8-20 社工用房

4. 公共洗浴间设计

浴室按老年人身体状况分为自理型浴室(淋浴区设防滑坐具),介助型浴室(无门槛、轮椅可入)及介护型浴室(配备移乘浴床)浴室。当居室卫生间未设洗浴设施时,应集中设置浴室。浴位数量按每 8～12

床设 1 个,其中 30% 为轮椅专用浴位,且不应少于 1 个(见图 8-21)。

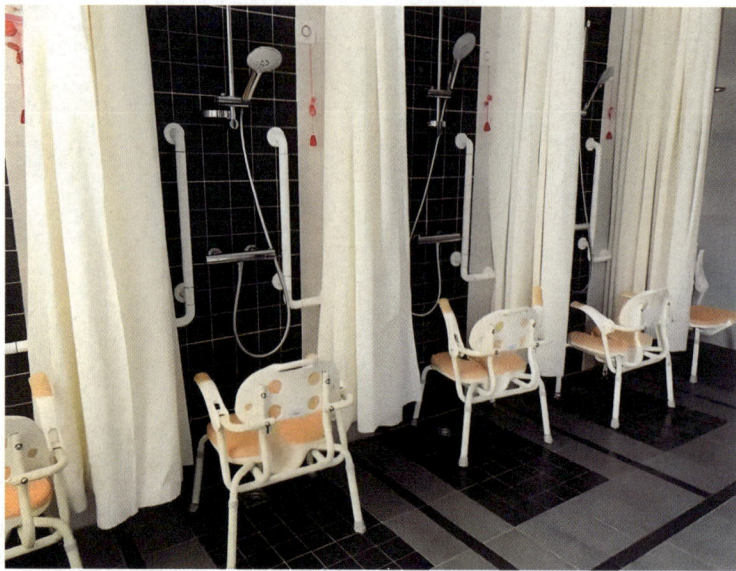

图 8-21 公共洗浴间

公共洗浴间安全设施:地面采用防滑地砖,淋浴区坡度 1%～2%,安装 L 型扶手(高度 70～75 cm)及折叠座椅。配备跌倒监测和紧急呼叫按钮,门需双向开启。

5. 厨房与餐饮区

(1)操作流程优化

应满足卫生防疫等要求,遵循"食材入口→清洗→加工→备餐"单向动线。

(2)配餐与卫生

备餐间设保温餐车停放区,餐车高度 90 cm;墙面 1.2 m 以下贴易清洁瓷砖,配备紫外线消毒柜。

6. 洗衣房与储物区

(1)洁污分流设计

划分污染区、清洁区,并应满足洗衣、消毒、叠衣、存放等需求,两区可通过传递窗连接。墙面、地面应易于清洁、不渗漏;宜附设晾晒场地。

(2)物品管理

储物柜分三层:低位柜(80～120 cm)存放常用物品、中位柜(120～180 cm)存放换季物品、高位柜(180～220 cm)存放备用物资,重要物品柜加装密码锁。

知识点五:交通空间适老化设计

交通空间作为连接各功能区域的核心纽带,聚焦通行效率、路径识别、应急响应,构建安全、清晰、高效的立体交通体系。

1. 平坡出入口构造

主出入口优先采用平坡设计(坡度≤1∶20),严寒、寒冷地区宜增设电热除冰装置;雨棚完全覆盖台阶与坡道(挑出宽度≥2 m),避免雨水积聚。入口地面采用防滑材质,紧邻设置轮椅停放区,地面标注醒目标识。

2. 走廊尺度

走廊净宽≥1.8 m,确有困难时不应小于 1.40 m,当走廊的通行净宽大于 1.40 m 且小于 1.80 m 时,走廊中应设通行净宽不小于 1.80 m 的轮椅错车空间,错车空间的间距不宜大于 15.00 m。墙面设 80~90 cm 高连续扶手(转弯处可延伸 30 cm),地面采用防滑地板。具体防滑、扶手及宽度要求详见知识点一中"无障碍通行设计原则"。

3. 楼梯适老化设计要求

楼梯踏步高度≤13 cm、宽度≥30 cm,前缘设平齐防滑条与高对比警示条,踏面下方封闭处理,禁止弧形/螺旋楼梯(构造细节详见知识点一中"安全防护设计原则")。楼梯间设双控照明与踏步灯带,栏杆高度 1.1 m,竖杆间距≤11 cm,保障上下楼安全(见图 8-22)。

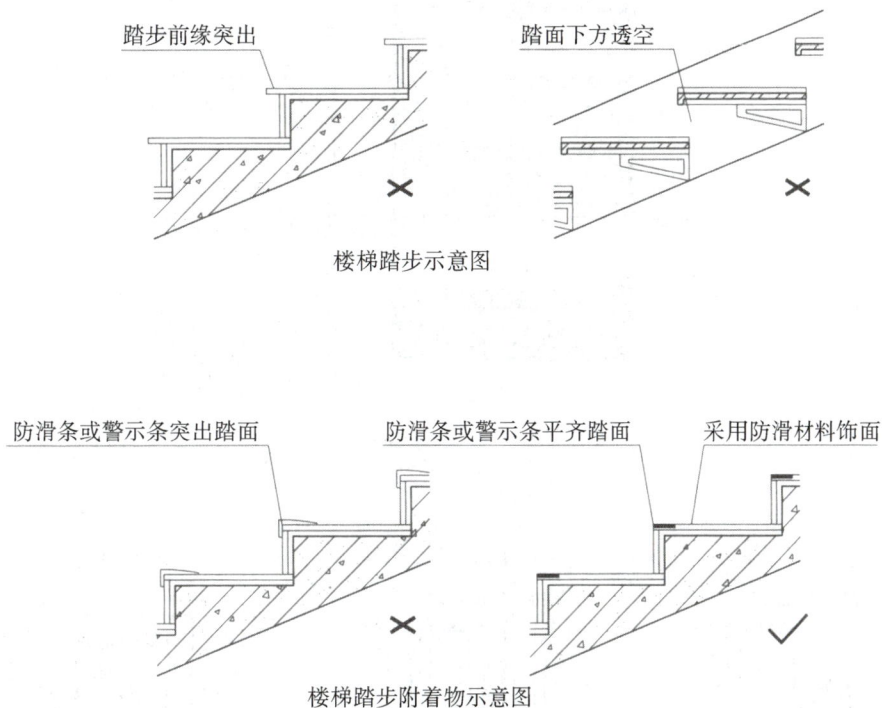

图 8-22　楼梯踏步及附着物示意图

4. 无障碍电梯配置

电梯应作为楼层间供老年人使用的主要垂直交通工具,每台电梯服务的设计床位数不应大于 120 床。电梯的位置应明显易找,且宜结合老年人用房和建筑出入口位置均衡设置。应为无障碍电梯,至少 1 台能容纳担架,配备语音播报、盲文按钮及三面扶手(高度 85 cm)。候梯厅宽度≥1.8 m,设电梯状态显示屏与轮椅等候区(具体尺寸见知识点一中"垂直交通设施适配")。见图 8-23、图 8-24。

5. 特殊场景差异化设计

(1) 认知症老年人动线和标识设计优化

考虑到认知症老年人的认知特点和视觉需求,其使用的交通空间和线路组织应便捷、连贯,采用环形走廊设计,避免出现易导致方向混淆的丁字路口,减少老年人因路径选择复杂而迷路的风险。通行空间应进行专门的导向标识设计,在尺寸、颜色、文字等方面进行针对性优化。如放大字体、增加背景色与内容颜色的明度对比,以增强易识别性。同时,标识信息需准确无误,具备一致性、连续性和显著性,确保老年人在通行过程中能清晰获取方向指引。可在交通空间中设置导向标识,如在电梯附近设置记忆图片(如"1 楼≠花园""2 楼≠餐厅",见图 8-25),辅助老年人识别,助力其安全、顺畅地通行于各区域,提升行动自主性与环境适应度。

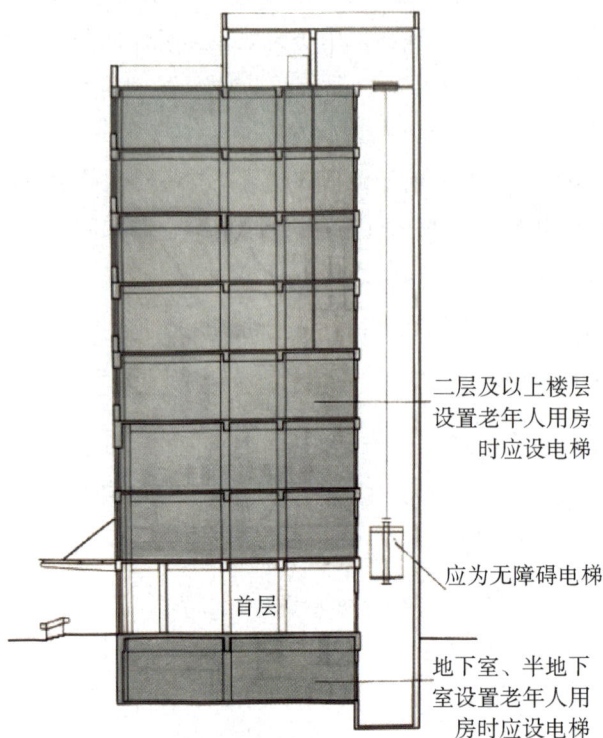

二层及以上楼层设置老年人用房时应设电梯

应为无障碍电梯

首层

地下室、半地下室设置老年人用房时应设电梯

图 8-23 垂直交通设置无障碍电梯

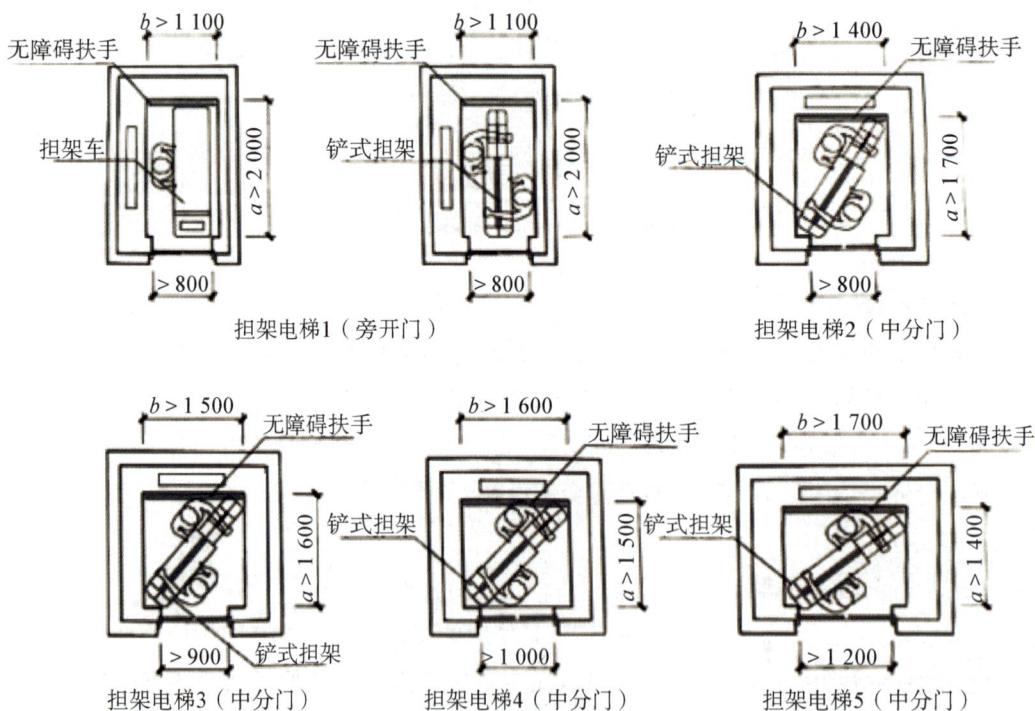

$b>1100$

无障碍扶手

担架车

$a>2000$

>800

担架电梯1（旁开门）

$b>1100$

无障碍扶手

铲式担架

$a>2000$

>800

担架电梯2（中分门）

$b>1400$

无障碍扶手

铲式担架

$a>1700$

>800

$b>1500$

无障碍扶手

铲式担架

$a>1600$

>900 铲式担架

担架电梯3（中分门）

$b>1600$

无障碍扶手

铲式担架

$a>1500$

>1000

担架电梯4（中分门）

$b>1700$

无障碍扶手

铲式担架

$a>1400$

>1200

担架电梯5（中分门）

图 8-24 无障碍电梯尺寸

（2）夜间交通安全

走廊夜灯采用人体感应式（照度 5～15 lx），楼梯踏步灯带设渐亮渐灭功能；电梯厅夜间开启柔和背景光（照度 10 lx），方便老年人起夜时识别路径。光源色温≤3 000 K（暖白光），见图 8-26。

图8-25　认知症老年人楼层的电梯设计

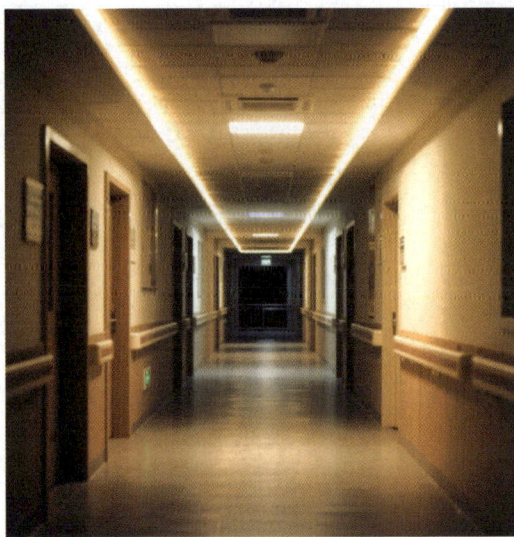

图8-26　走廊夜间照明

任务实施

任务1　文娱与健身用房的适老化设计改造。

表8-2　任务实施表(任务1)

工作内容	工作过程	技术要点
空间勘察与需求梳理	1. 测量文娱与健身用房尺寸 ① 整体面积,各功能分区(棋牌区、健身区等)长宽,净层高 ② 门窗位置、大小,柱子位置与尺寸 ③ 记录问题:空间局促影响活动、窗户采光不均、层高较低有压抑感 2. 与老年人及运营方确认需求 ① 活动偏好(棋牌、书画、健身项目等)及参与人数 ② 特殊需求(如失能老年人对无障碍设施的需求)	① 安全:地面防滑(摩擦系数≥0.6);门窗防护(外窗防护栏杆1.1 m高,设开启扇限位器);健身器材稳固 ② 便利:各功能区通道宽度≥1.2 m(轮椅担架通行)、设备操作便捷(如棋牌桌椅高度适配) ③ 适配:根据活动类型规划空间大小(如健身区人均≥3 m²活动空间),考虑不同身体状况老年人需求(失能老年人专用区域)
资料与需求清单准备	1. 整理文娱与健身用房适老化要点 ① 空间:总使用面积≥2 m²/人,动静分区合理(如棋牌区与健身区分开) ② 设施:棋牌桌椅间距≥1.2 m,健身区设低冲击器械(如坐姿健身车)、配备大尺寸棋牌及加粗书画工具 ③ 环境:良好通风(换气量≥2次/小时);充足照明(整体照度≥200 lx,局部活动区≥500 lx) 2. 向乙方提交需求 健身区地面采用防滑地胶,棋牌区增设无障碍通道	① 空间布局:各功能区面积满足活动需求(按人数计算);动静分区明确(隔音措施良好,减少干扰) ② 设施配置:健身器械符合老年人身体机能(低冲击、易操作);娱乐器具尺寸适配(如麻将牌边长≥3.5 cm) ③ 环境要求:照明避免眩光(采用漫射光源);通风良好(无异味、潮湿问题)
布局与功能优化	1. 审核平面方案 ① 各功能区布局是否合理(如健身区与卫生间距离是否合适)	① 布局原则:动静分区合理(如静态活动区远离噪音源);各功能区连接顺畅(通道便捷)

(续表)

工作内容	工作过程	技术要点
	② 空间利用是否充分(有无浪费空间或空间拥挤) ③ 无障碍设计是否完善(轮椅回转空间、无障碍通道设置) 2. 提出修改 调整书画区位置,增加采光;拓宽健身区通道至 1.5 m	② 禁忌:避免功能区面积过小(影响活动开展);禁止无障碍通道狭窄(<1.2 m)、轮椅回转空间不足(直径<1.5 m)
设施选型与细节把控	1. 审核乙方提供的设施 ① 棋牌桌椅:桌面高度 75～80 cm、边缘倒圆(半径≥5 cm)、椅子带扶手(高度 45 cm) ② 健身器材:坐姿健身车座椅高度 50 cm,扶手式漫步机步幅≤40 cm、器材间距≥80 cm ③ 其他:大尺寸棋牌、加粗笔杆书画工具、带放大镜阅读架 2. 确认材质 地面防滑地胶(材质防滑、耐磨),墙面吸音材料(减少噪音),健身器材金属部件防锈处理	① 操作便利:棋牌桌椅高度适配(肘部自然放置);健身器材操作简便(按钮大、标识清晰) ② 安全细节:器材稳固(防止倾倒);地面防滑性能达标(湿滑测试合格)
关键节点检查	施工阶段抽查 ① 地面:防滑地胶铺设质量(平整度、牢固度),地面坡度(排水坡度≤2%) ② 设施:棋牌桌椅尺寸(桌面高度、椅子间距实测),健身器材安装牢固程度(晃动测试) ③ 照明:灯具安装位置(是否影响活动)、照度值(实测各区域照度)	核心指标:地面防滑效果(摩擦系数实测达标);设施尺寸精准(符合设计要求);照明充足且无眩光(照度达标、光线柔和)
模拟体验与交付	1. 简单体验测试 ① 在棋牌区进行打牌活动(桌椅舒适度、空间宽敞度体验) ② 在健身区试用健身器材(操作便捷性、安全性体验) ③ 模拟失能老年人行动(轮椅通行、使用无障碍设施情况) 2. 签署验收单 记录"棋牌区舒适""健身区安全"等合格项	① 体验要点:活动舒适(桌椅、器材使用感受良好);操作便捷(器材、设施操作轻松) ② 交付重点:无安全隐患、设施功能完备、空间使用舒适

任务 2　康复与医疗用房的适老化设计改造。

表 8-3　任务实施表(任务 2)

工作内容	工作过程	技术要点
空间勘察与需求梳理	1. 测量康复与医疗用房尺寸 ① 医务室、康复训练区、护理站等各区域的长、宽、高 ② 门窗、管道位置及尺寸,梁柱分布情况 ③ 记录问题:空间布局混乱,采光通风不足,医疗设备摆放空间有限 2. 与医护人员、老年人确认需求 ① 医疗服务类型(基础诊疗、康复理疗项目等) ② 老年人身体状况及特殊需求(失能程度、行动能力等)	① 安全:地面防滑(摩擦系数≥0.6)、电气安全(接地保护、漏电保护),医疗设备稳固摆放 ② 便利:各区域通道宽度≥1.8 m(满足担架通行)、设备操作便捷(高度适宜、操作简单) ③ 适配:根据医疗服务类型规划空间大小(如康复训练区人均≥5 m²),考虑不同失能程度老年人需求(无障碍设施设置)

（续表）

工作内容	工作过程	技术要点
资料与需求清单准备	1. 整理康复与医疗用房适老化要点 ① 空间：医务室面积≥10 m²，康复训练区分区明确（物理治疗区、作业治疗区等） ② 设施：医务室设诊疗台（高度80 cm）、急救箱，康复区配备可调节训练床（50～70 cm）、带扶手训练椅 ③ 环境：良好通风（换气量≥15 m³/小时·人）、充足照明（整体照度≥200 lx，检查区≥500 lx） 2. 向乙方提交需求 康复训练区设地轨式移位机轨道，医务室增设洗手池	① 空间布局：各功能区面积满足服务需求（按服务人数计算）；功能分区合理（避免医疗与康复区域交叉干扰） ② 设施配置：医疗设备符合诊疗与康复需求（精准度、适用性）；康复器材高度适配（便于老年人使用） ③ 环境要求：照明满足医疗操作需求（无阴影、无眩光）；通风良好（保持空气清新、降低感染风险）
布局与功能优化	1. 审核平面方案 ① 各功能区布局是否科学（如康复训练区与医务室连接便捷） ② 空间利用是否高效（有无浪费或局促空间） ③ 无障碍设计是否完善（轮椅回转空间、无障碍通道设置） 2. 提出修改 扩大护理站面积，方便医护人员操作；调整康复训练区布局，增加设备摆放空间	① 布局原则：功能分区明确（不同功能区相对独立又联系紧密）；各功能区连接顺畅（通道便捷、无阻碍） ② 禁忌：避免功能区面积不合理（影响服务质量）；禁止无障碍通道狭窄（＜1.8 m）、轮椅回转空间不足（直径＜1.5 m）
设施选型与细节把控	1. 审核乙方提供的设施 ① 医疗设备：诊疗台高度（80 cm）、急救箱配置、洗手池龙头（抬杆式、水温可控） ② 康复器材：可调节训练床（升降顺畅、高度合适），带扶手训练椅（稳固、舒适），康复器械（间距≥80 cm） ③ 其他：康复器械旁图文操作指南（清晰易懂，字号≥20 px），医疗区紧急呼叫按钮（高度1.1 m） 2. 确认材质 地面抗菌防滑地砖（易清洁、防滑性能好），墙面易清洁材料（抗菌、耐擦洗），医疗设备金属部件防锈处理	① 操作便利：医疗设备操作方便（高度适宜、操作按钮大）；康复器材使用简单（操作流程清晰、易上手） ② 安全细节：设备稳固（防止倾倒伤人）；地面防滑性能达标（湿滑测试合格） ③ 卫生保障：地面、墙面材料抗菌（减少细菌滋生）；医疗设备易于清洁消毒（材质合适）
关键节点检查	施工阶段抽查 ① 地面：抗菌防滑地砖铺设质量（平整度、牢固度），地面坡度 ② 设施：诊疗台高度（实测80 cm）、训练床安装牢固程度（晃动测试）、洗手池下水通畅情况 ③ 照明：灯具安装位置（是否影响医疗操作）、照度值（实测各区域照度）	① 核心指标：地面防滑效果（摩擦系数实测达标）；设施尺寸精准（符合设计要求）；照明充足且无眩光（照度达标、光线柔和） ② 卫生指标：地面、墙面抗菌性能（检测合格）；排水系统畅通（无堵塞、异味）
模拟体验与交付	1. 简单体验测试 ① 在医务室模拟诊疗过程（检查设备使用便利性、空间舒适度） ② 在康复训练区试用康复器材（操作便捷性、安全性体验） ③ 模拟失能老年人行动（轮椅通行、使用无障碍设施情况） 2. 签署验收单 记录"医务室设备好用""康复区安全舒适"等合格项	① 体验要点：医疗操作方便（设备、设施使用感受良好）；康复训练舒适（器材使用轻松、安全） ② 交付重点：无安全隐患、设施功能完备、空间使用舒适 ③ 卫生要求：环境清洁卫生、无交叉感染风险

任务3　管理服务用房的适老化设计改造。

表 8‑4　任务实施表(任务 3)

工作内容	工作过程	技术要点
空间勘察与需求梳理	1. 测量管理服务用房尺寸 ① 接待区、办公区、后勤区(厨房和洗衣房等)的长、宽、高 ② 门窗、管道位置,梁柱分布情况 ③ 记录问题:空间布局不合理导致工作流线交叉、办公区采光不足、后勤区储物空间有限 2. 与工作人员、老年人确认需求 ① 工作流程(接待、办公、后勤保障流程)及需求 ② 老年人特殊需求(如语言沟通、行动辅助需求)	① 安全:电气安全(接地保护、漏电保护),消防设施完备(灭火器、疏散指示标志),防滑地面(摩擦系数≥0.6) ② 便利:各区域通道宽度≥1.8 m(满足担架通行),设备操作便捷(高度适宜、操作简单) ③ 适配:根据工作流程规划空间大小(如接待区合理设置等候区),考虑老年人需求(无障碍设施设置)
资料与需求清单准备	1. 整理管理服务用房适老化要点 ① 空间:接待区设高低台服务台(高 80 cm、低 65 cm),办公区预留电子设备安装空间,后勤区洁污分区明确 ② 设施:接待区配备放大镜台灯(照度≥300 lx) ③ 环境:良好通风,充足照明(整体照度≥200 lx,重点区域≥500 lx) 2. 向乙方提交需求 办公区增设智能照明系统,洗衣房增加紫外线消毒设备	① 空间布局:各功能区面积满足服务需求(按服务人数计算);功能分区合理(避免工作区域交叉干扰) ② 设施配置:办公设备符合人体工程学(舒适、高效);后勤设备安全、卫生(符合食品卫生、消毒要求) ③ 环境要求:照明满足工作需求(无眩光);通风良好(保持空气清新)
布局与功能优化	1. 审核平面方案 ① 各功能区布局是否科学(如办公区与后勤区连接便捷) ② 空间利用是否高效(有无浪费或局促空间) ③ 无障碍设计是否完善(轮椅回转空间、无障碍通道设置) 2. 提出修改 调整接待区布局,增加无障碍等候区;扩大洗衣房面积,优化洁污流线	① 布局原则:功能分区明确(不同功能区相对独立又联系紧密);各功能区连接顺畅(通道便捷、无阻碍) ② 禁忌:避免功能区面积不合理(影响服务质量);禁止无障碍通道狭窄、轮椅回转空间不足(直径<1.5 m)
设施选型与细节把控	1. 审核乙方提供的设施 ① 接待台:高低台尺寸合理、材质耐磨、易清洁、配备呼叫铃 ② 办公设备:可调节高度办公桌、人体工学椅、智能办公系统(支持语音指令和人脸识别登录) ③ 其他:接待区设置电子信息展示屏 2. 确认材质 地面防滑地砖、墙面吸音材料、办公家具木质环保材料	① 操作便利:办公设备操作方便;后勤设备使用简单 ② 安全细节:设备稳固(防止倾倒伤人);地面防滑性能达标(湿滑测试合格) ③ 智能化水平:办公系统智能化;后勤设备智能监控
关键节点检查	施工阶段抽查 ① 地面:防滑地砖铺设质量(平整度、牢固度),地面坡度(排水坡度≥2%) ② 设施:接待台尺寸(实测)、办公桌椅安装牢固程度(晃动测试)、厨房设备安装符合规范 ③ 照明:灯具安装位置(是否影响工作)、照度值(实测各区域照度)	① 核心指标:地面防滑效果(摩擦系数实测达标);设施尺寸精准(符合设计要求);照明充足且无眩光(照度达标、光线柔和) ② 智能化指标:智能设备运行稳定(无故障);智能系统功能完备(满足使用需求)
模拟体验与交付	1. 简单体验测试 ① 在接待区模拟接待流程(检查服务台使用便利性、信息展示屏效果) ② 在办公区试用办公设备(操作便捷性、舒适度体验) ③ 在后勤区模拟工作流程(设备使用便捷性、洁污分区合理	① 体验要点:工作操作方便(设备、设施使用感受良好);环境舒适(温度、湿度适宜,噪音小) ② 交付重点:无安全隐患、设施功能完备、空间使用舒适

（续表）

工作内容	工作过程	技术要点
性体验） ④ 模拟老年人行动（轮椅通行、使用无障碍设施情况） 2. 签署验收单 记录"接待区服务便捷""办公区舒适高效"等合格项		③ 智能化体验:智能设备操作简单;智能系统提升服务质量（高效、便捷）

任务 4　交通空间的适老化设计改造。

表 8-5　任务实施表（任务 4）

工作内容	工作过程	技术要点
空间勘察与需求梳理	1. 测量交通空间尺寸 ① 出入口、走廊、楼梯、电梯厅的长、宽、高 ② 门窗、楼梯扶手、电梯轿厢尺寸 ③ 记录问题:出入口狭窄、走廊照明不足、楼梯踏步高度不一致 2. 与使用者确认需求 ① 日常通行流量与高峰流量 ② 特殊人群（如轮椅使用者、失能老年人）需求	① 安全:地面防滑（摩擦系数≥0.6）,扶手稳固,防火设施完备（消防通道畅通、防火门合格） ② 便利:通道宽度符合标准（主走廊净宽≥1.8 m）,电梯运行高效（速度适宜、等候时间短） ③ 适配:根据通行流量规划空间大小、考虑特殊人群无障碍需求
资料与需求清单准备	1. 整理交通空间适老化要点 ① 出入口:平坡设计（坡度≤1:20）、雨棚覆盖（挑出宽度≥2 m）、无障碍门（净宽≥1.1 m） ② 走廊:净宽≥1.8 m（最小 1.4 m）、连续扶手（高度 80~90 cm）、休息座椅（间距≤15 m） ③ 楼梯:踏步高度≤13 cm、宽度≥30 cm、防滑条设置 ④ 电梯:无障碍轿厢（深度≥1.6 m）、设语音播报和盲文按钮 2. 向乙方提交需求 如"走廊增设智能照明感应系统,电梯增加备用电源装置"	① 空间布局:各交通区域尺寸符合规范要求（满足通行需求）;功能分区明确（如楼梯与电梯区分合理） ② 设施配置:扶手、栏杆等防护设施安全牢固;电梯、楼梯等垂直交通设施运行稳定 ③ 安全要求:地面防滑性能达标;消防疏散路线清晰
布局与功能优化	1. 审核平面方案 ① 各交通区域布局是否合理（如楼梯与电梯位置关系） ② 空间利用是否高效（有无狭窄或浪费空间） ③ 无障碍设计是否完善（轮椅回转空间、无障碍通道连贯性） 2. 提出修改 如"拓宽出入口通道至 2 m"	① 布局原则:交通流线简洁顺畅（避免迂回、交叉）;各区域连接便捷（通道无阻碍） ② 禁忌:避免通道狭窄（影响通行效率）;禁止无障碍设施设置不合理（如轮椅回转空间不足）
设施选型与细节把控	1. 审核乙方提供的设施 ① 出入口门:电动感应门（感应高度 1.0~1.3 m）,关闭时间（≥10 秒）,把手设计（杆式、高度 90 cm） ② 走廊扶手:材质（防滑）,直径（35 mm）,连接牢固度 ③ 楼梯:踏步材质（防滑）,防滑条规格（高度 2 cm、与踏面平齐）,栏杆高度（1.1 m） ④ 电梯:轿厢尺寸（深度≥1.6 m）,语音播报系统（清晰、音量适宜）,紧急呼叫装置（位置合理） 2. 确认材质 地面防滑地砖（耐磨、易清洁）,扶手木质或橡胶材质（触感舒适）,电梯轿厢内饰为防火材料	① 操作便利:门、电梯等设施操作简单（按钮大、操作力小）;扶手抓握舒适（尺寸、材质合适） ② 安全细节:设施稳固（防止松动、掉落）;地面防滑性能可靠（湿滑测试合格） ③ 智能化水平:电梯智能调度系统（提高运行效率）;照明智能感应系统（节能、方便）

（续表）

工作内容	工作过程	技术要点
关键节点检查	施工阶段抽查 ① 地面：防滑地砖铺设质量（平整度、缝隙均匀度），地面坡度 ② 设施：扶手安装牢固程度（拉力测试），楼梯踏步尺寸（实测高度、宽度），电梯安装调试情况（运行平稳性、安全装置有效性） ③ 照明：灯具安装位置（是否影响通行）、照度值（实测各区域照度）	① 核心指标：地面防滑效果（摩擦系数实测达标）；设施尺寸精准（符合设计要求）；照明充足且无眩光（照度达标、光线柔和） ② 智能化指标：智能设施运行稳定（无故障）；智能系统功能完备（满足使用需求）
模拟体验与交付	1. 简单体验测试 ① 在出入口模拟人员进出（检查门的开启便利性、雨棚效果） ② 在走廊推动轮椅（测试通道宽度、扶手便利性） ③ 在楼梯上下行走（体验踏步舒适度、防滑性能） ④ 使用电梯（感受运行速度、语音提示效果） 2. 签署验收单 记录"出入口便捷""走廊通行顺畅"等合格项	① 体验要点：通行舒适（无颠簸、无阻碍）；设施操作轻松（按钮易按、扶手好抓） ② 交付重点：无安全隐患、设施功能完备、空间使用舒适 ③ 智能化体验：智能设施操作便捷（反应灵敏）；智能系统提升通行体验（高效、贴心）

📖 课后拓展

公共辅助用房适老化设计实践与创新

课后习题

扫码进行在线练习。

在线练习

模块五

养老设施专门设计

　　养老设施中入住的老年人普遍存在行动受限或长期卧床休养的情况,其日常生活主要集中于室内空间,这使得室内环境的安全性与舒适性成为关键性需求。因此,室内环境卫生控制、噪声控制与声环境设计及安全疏散与紧急救助极其重要,需针对老年人生理机能特征与行为习惯,系统性营造符合人体工学的室内物理环境。

　　其中,防火疏散与避难体系构建极其重要,直接关乎老年群体的生命安全与社会稳定。当前养老设施在消防安全管理层面存在很多问题。

　　常闭防火门设置在老年人或护理人员频繁通行的路径上,为通行方便,长期开启,火灾发生时无法及时关闭,导致烟气和火势迅速蔓延,难以有效分隔火情。

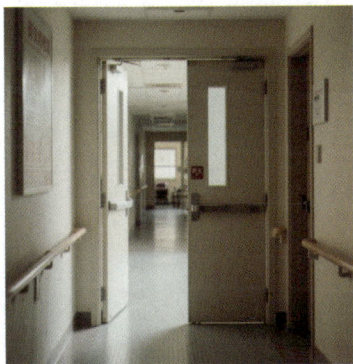

图0-1　防火门被迫常开

　　在公共走廊放置一些座椅、书架等家具,减小了走廊的有效净宽,给疏散造成阻碍。

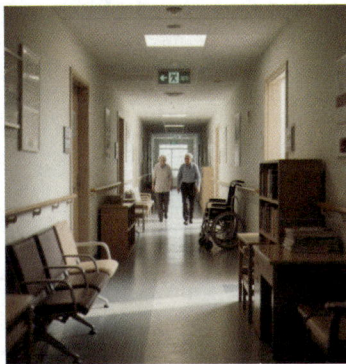

图0-2　疏散通道摆放物品

　　朝向走廊开启的老年人居室门侵占了部分走廊空间,影响疏散宽度;即使走廊足够宽,未作内凹处理的居室门仍然可能会碰撞或阻挡逃生人流。

图0-3　疏散走廊被外开门阻挡

　　室内疏散路径上存在局部高差,严重影响需工作人员推行的轮椅老年人疏散速度,降低疏散效率,甚至可能导致老年人不能及时疏散到安全空间。

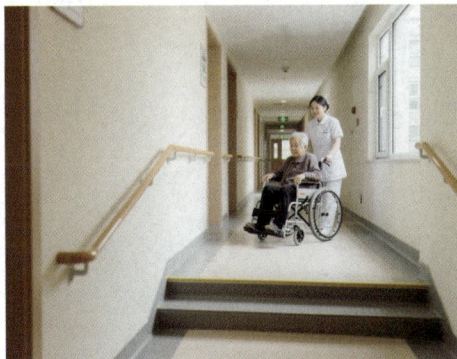

图0-4　疏散必经路径上存在高差

（续表）

为防止老年人从窗户坠落,加装安全防护网。火灾发生时消防员须锯断防护网才能施救,消耗宝贵的营救时间,加大救援的难度,并有可能造成救援时机的延误。

图0-5　建筑外窗设置防护网

烟感、喷淋系统覆盖不全;应急照明和疏散指示标志亮度不足或安装位置不合理(如被遮挡);灭火器失效或类型错误(如厨房、洗衣房等场所的灭火器直接放置在潮湿的地面上,导致灭火器筒体被腐蚀)。

图0-6　消防设施不足或失效

项目九 养老设施建筑技术的设计

学习目标

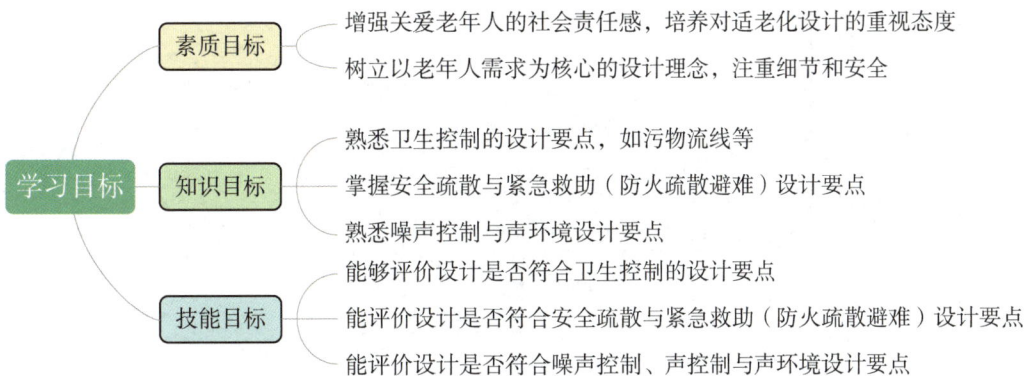

学习目标

素质目标
增强关爱老年人的社会责任感，培养对适老化设计的重视态度
树立以老年人需求为核心的设计理念，注重细节和安全

知识目标
熟悉卫生控制的设计要点，如污物流线等
掌握安全疏散与紧急救助（防火疏散避难）设计要点
熟悉噪声控制与声环境设计要点

技能目标
能够评价设计是否符合卫生控制的设计要点
能评价设计是否符合安全疏散与紧急救助（防火疏散避难）设计要点
能评价设计是否符合噪声控制、声控制与声环境设计要点

情景与任务

优颐康养中心位于城市老旧城区的核心区。历史上的商业繁荣造就了此区域空间局促、狭窄的特点，许多追求生活品质的年轻人陆续迁出，老龄人口比例逐年增多。为缓解区域为老服务设施不足，建设本项目：一处小型但涵盖多种功能的为老服务设施，重点服务需要护理的高龄老年人。项目建成以来，申请入住的需求众多，其中以80岁以上的失能、失智高龄老年人为主，反映了该地区对于小型养老设施的广泛需求。王总是优颐康养中心项目负责人。

假设你是王总，请根据项目实际情况，完成以下任务。

任务1　分析养老设施防火疏散避难的特殊性和难点。

任务2　厘清养老设施防火疏散避难设计重点。

任务分析

在养老设施建筑设计中，为保障老年人生活的安全、舒适，需要特别重视卫生设计、安全疏散与紧急救助（防火疏散避难设计）以及噪声控制与声环境设计等技术方面的要求。

知识点一：卫生控制

1. 材料应易于清洁

考虑建筑的运营维护，老年人照料设施的场所地面、墙面、棚面材料应易于清洁。空间布局上能够有效通风，避免封闭区域出现，这样有助于防止传染病的传播（见图9-1）。为此，老年人全日照料设施设有生活用房的建筑的卫生间距至少为12米，以确保卫生和安全（见图9-2）。

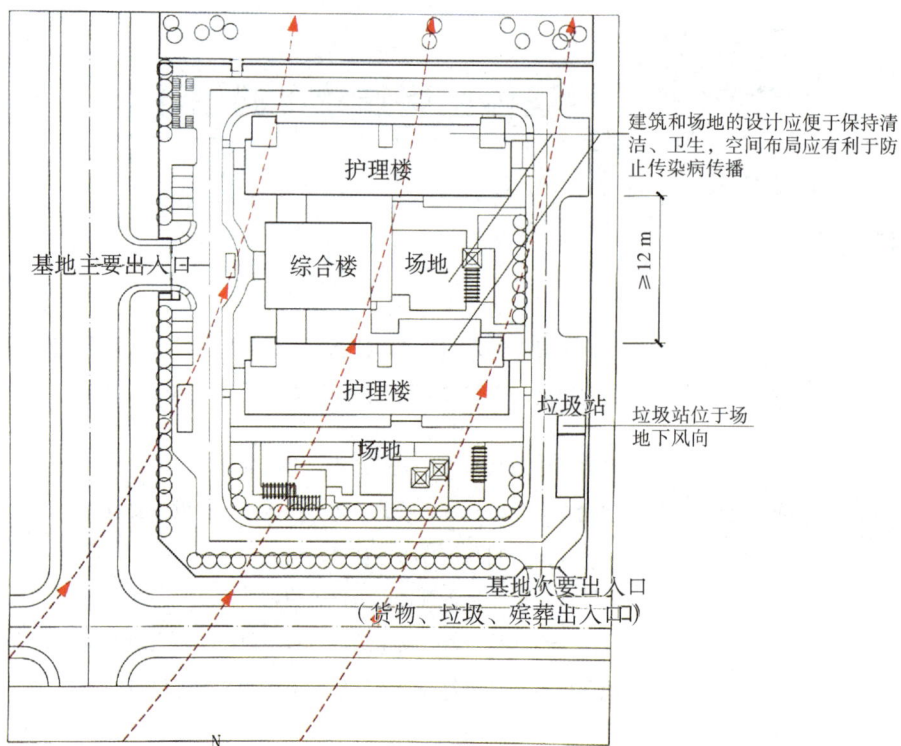

图9-1 防止传染病传播的场地设计

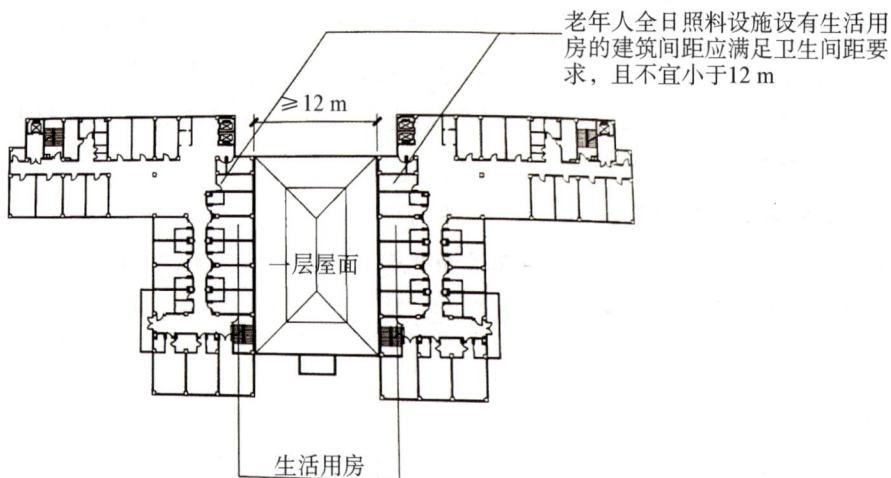

图9-2 老年人全日照料设施卫生间距示意图

2. 划出污物流线

老年人照料设施的建筑和场地要明确规划出污物流线。在建筑和场地内运送物品时,应将清洁物品和污物分开运送(见图9-3)。同时,应规避老年人经常活动的区域,特别是食品存放区、食品加工区和老年人的用餐区域,以确保食品和用餐环境的卫生。竖向运送时,有条件的利用服务电梯运送污物,没有条件的可利用老年人不经常使用的楼梯;也可采用错时运送方式,避开老年人的活动时间。

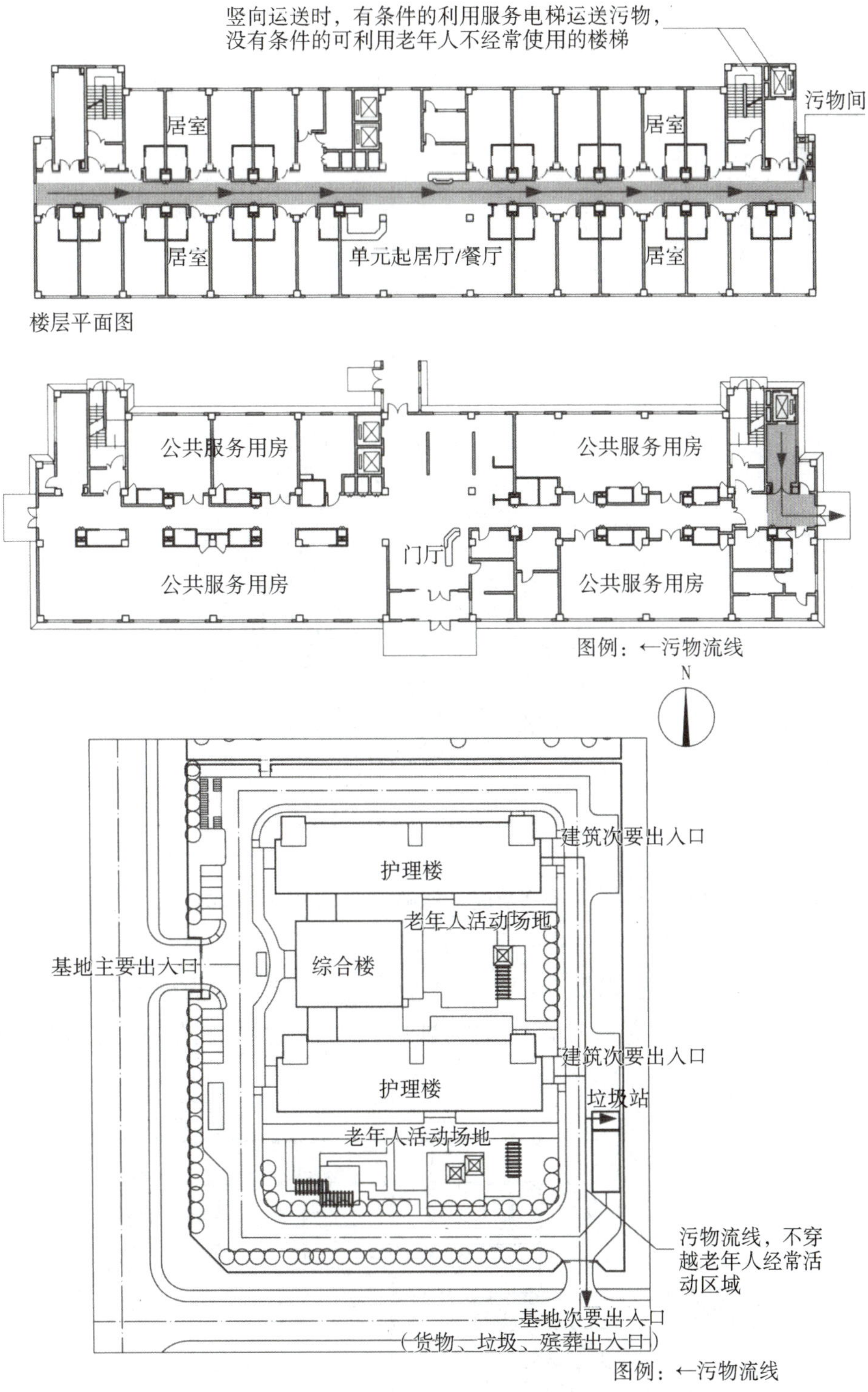

竖向运送时，有条件的利用服务电梯运送污物，
没有条件的可利用老年人不经常使用的楼梯

污物间

居室　居室　居室

居室　单元起居厅/餐厅　居室

楼层平面图

公共服务用房　公共服务用房

公共服务用房　门厅　公共服务用房

图例：←污物流线

N

护理楼

建筑次要出入口

老年人活动场地

基地主要出入口

综合楼

建筑次要出入口

护理楼

垃圾站

老年人活动场地

污物流线，不穿
越老年人经常活
动区域

基地次要出入口
（货物、垃圾、殡葬出入口）

图例：←污物流线

图 9-3　清洁物品和污物分开运送示意图

3. 规划医疗废物的运送路线

为确保医疗废物处理过程中的卫生和安全，需规划好医疗废物的运送路线（见图9-4），且用于临时存放医疗废物的房间应设有专门的整理台、存放架、冲洗水槽、照射灯和喷雾器等设施，用于收集、清洗和消毒。

运送遗体的路线应避开老年人日常活动的区域，以避免对老年人造成不必要的影响和干扰。

知识点二：安全疏散与紧急救助

老年人照料设施中的人员疏散设计必须按照国家现行的《建筑设计防火规范》[GB 50016—2014

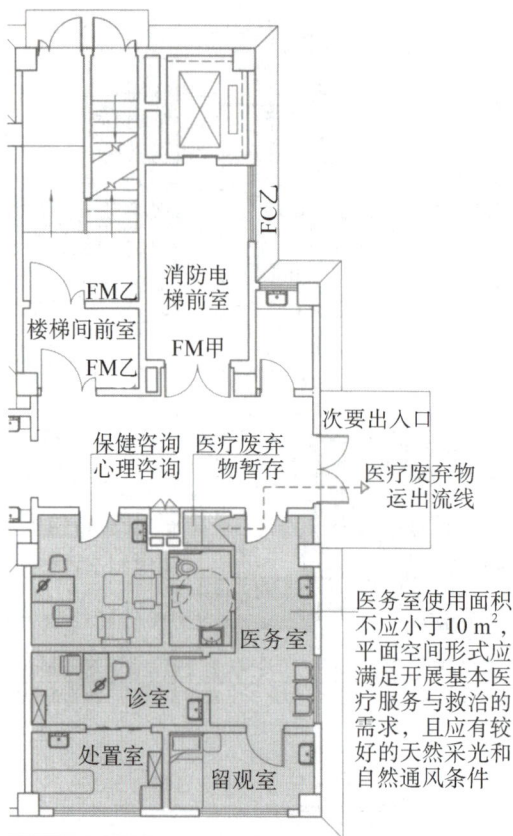

图 9-4 医疗用房平面示意图

（2018 年版）]中的各条款执行,以确保在紧急情况下能够安全、有效地疏散人员。

1. 每个照料单元内的房间位于同一防火分区内

每个照料单元内的房间必须位于同一防火分区内,不能跨越到其他防火分区(见图 9-5)。发生火灾时,封闭的防火分区利于工作人员进行疏散,有效控制火势,确保人员的安全,特别是护理型床位的老年

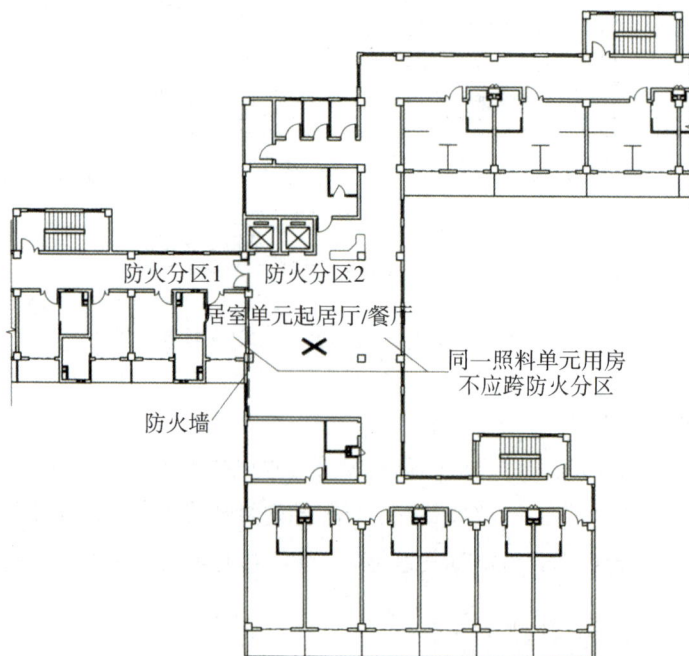

图 9-5 防火分区错误示例图

人。否则,当照料单元跨越防火分区时,工作人员无法对身处不同防火分区的老年人进行有效组织和协助,存在较大安全隐患。

2. 保证老年人活动区域的畅通和安全

当老年人照料设施建筑中利用大厅、走廊等空间做休闲区域、安装休息座椅、布设管道设施、挂放物件时,突出物应有防刮碰的保护措施,以保障老年人的安全。当老年人房间的门开向公共活动区域(外开门)时,应设门外凹空间,避免阻碍通行,影响走廊动线(见图9-6)。

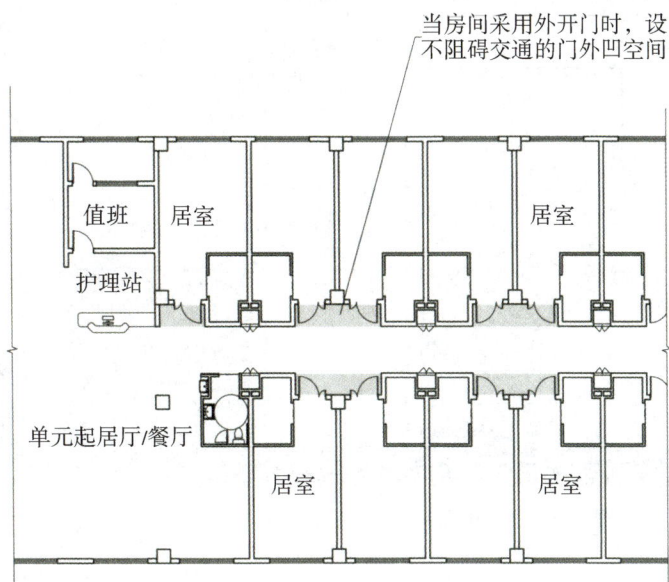

图9-6　房门外开设门外凹空间示意图

3. 留出足够的缓冲空间

若老年人照料设施建筑的主要出入口与机动车道之间(出入口室外台阶最外一级踏步及残障坡道最外起坡点同机动车道路之间的空间),没有留出足够的缓冲空间,对于反应和行动均很迟缓的老年人来说是极为危险的。缓冲空间的深度至少应达到室外人行步道的最小宽度即1.50 m,宽度应达到同台阶或门洞等宽,以确保在紧急情况下可以安全疏散人员(见图9-7)。

4. 提前规划出紧急送医通道

为确保在紧急情况下内部的护理人员或外部的救护人员能够迅速将老年人送医,应提前规划出紧急送医通道。紧急送医通道的路径为:老年人用房——走廊——可容纳担架的电梯(楼梯)——门厅——出入口——出入口救护车停靠点。所有老年人使用的房间与救护车辆停靠的建筑出入口之间的通道,必须设计得能够方便地使用担架和轮椅,并且要保持连续、便捷和畅通。考虑到在特殊情况下可容纳担架的电梯可能无法正常使用(如停电或电梯故障),此时应确保有符合条件的楼梯替代电梯,作为紧急送医通道的一部分。

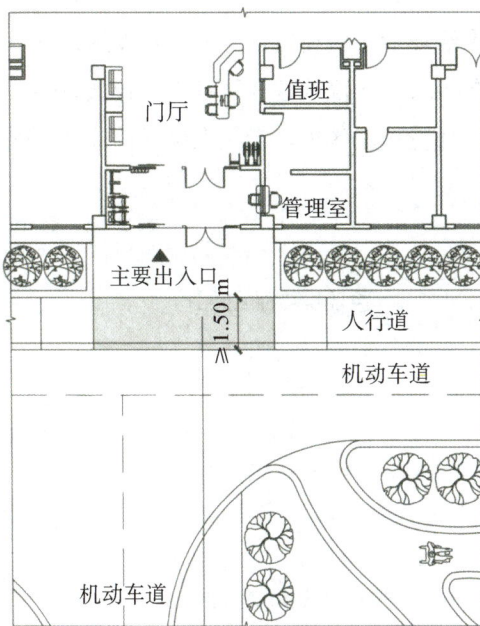

缓冲空间的深度至少1.50 m,宽度应达到同台阶或门洞等宽

图9-7　入口与机动车道间缓冲空间示意

5. 配备从内外两则开启的锁具

发生意外时,老年人大多数需要外部救援,因此老年人的居室门、居室卫生间门、公用卫生间厕位门、盥洗室门、浴室门等应配备能够从内外两侧开启的锁具,且宜设应急观察装置,以便在紧急情况下能够查看室内情况,满足外部救援需求;同时,门把手应方便老年人使用,一般采用执杆式,位置应能兼顾轮椅老年人抓握。见图9-8、图9-9。

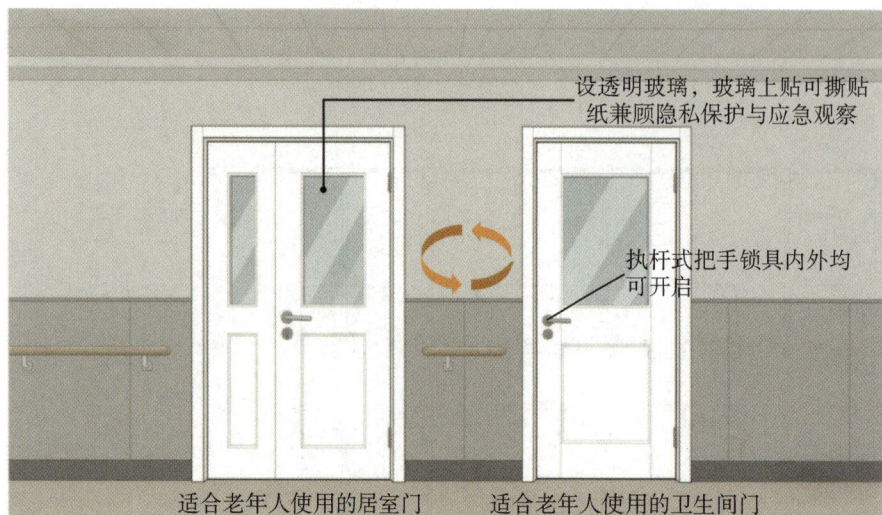

图9-8 门上装置示意图

图9-9 门把手示意图

知识点三:噪声控制与声环境设计

在噪声控制与声环境设计中,需要对老年人照料设施的噪声级加以控制,从而为老年人提供安静的生活环境。这要求设计人员从设施选址、规划布局、功能空间组织等方面统筹考虑环境中的噪声影响,将老年人照料设施建在噪音水平较低,符合《声环境质量标准》(GB 3096—2008)中规定的0类、1类或2类声环境功能区内。老年人照料设施环境噪声限值见表9-1。

表9-1 老年人照料设施环境噪声限值[单位:dB(A)]

声环境功能区类别	时 段	
	昼间	夜间
0类	50	40
1类	55	45
2类	60	50

1. 控制活动场地的噪声

为确保老年人活动场所安静和舒适,应对活动场地的噪声加以控制。如果老年人使用的室外活动场地位于2类声环境功能区(如商业区、交通干线附近),面向噪声源一侧宜设置声屏障或种植树木来隔绝和降低噪音,以改善声环境。

2. 老年人居室和休息室不应与电梯井道等相邻布置

噪声振动对老年人的心脑功能和神经功能系统有较大影响,因此《老年人照料设施建筑设计标准》

(JGJ 450—2018)强制规定老年人照料设施中的居室和休息室不应与电梯井道和有噪音或振动的设备机房相邻布置(见图 9-10),以确保老年人居住和休息的环境安静舒适,利于老年人身心健康。相邻布置是指在房间或场所的上一层、下一层或贴临的布置(见图 9-11)。

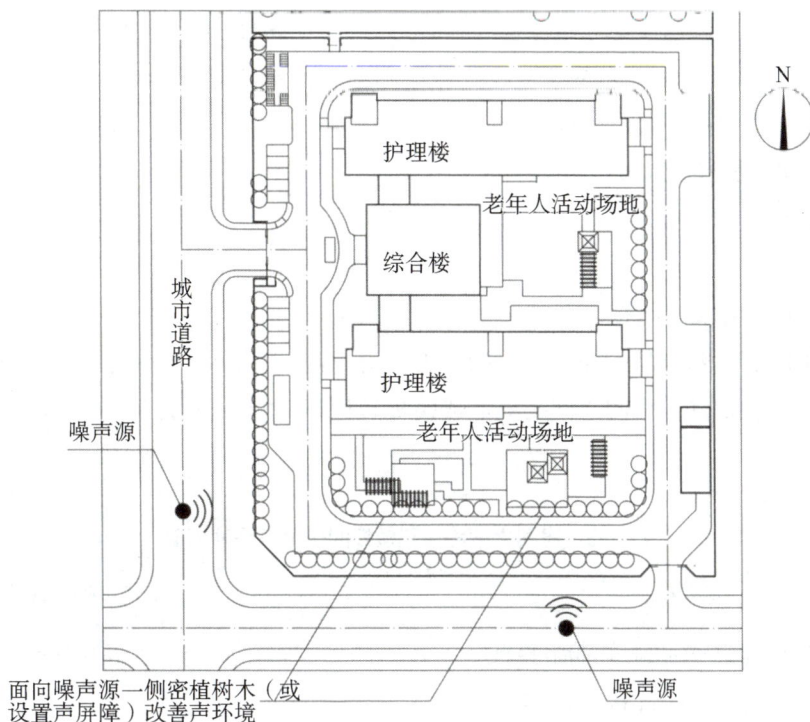

图 9-10　隔声降噪措施

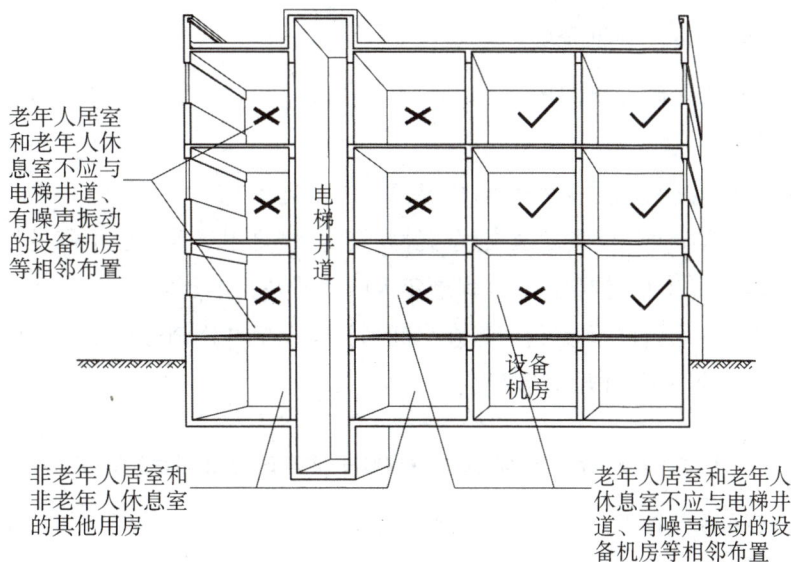

图 9-11　相邻布置示意图

3. 老年人使用的房间内的噪声水平必须符合标准

老年人用房可分为 3 类,Ⅰ类房间为居室、休息室;Ⅱ类房间包括单元起居厅、老年人集中使用的餐厅、卫生间、文娱与健身用房、康复与医疗用房等;Ⅲ类房间含设备用房、洗衣房、电梯间及井道等。为确保老年人居住和活动的环境安静舒适,老年人使用的房间内的噪声水平必须符合表 9-2 中规定的标准。

对于来自房间之外的环境噪声,应通过对墙、楼板及门窗采取隔声措施,使其降到允许值。

表 9-2 老年人用房室内允许噪声级[单位:dB(A)]

房间类别		允许噪声级(等效连续 A 声级,dB)	
		昼间	夜间
生活用房	居室	≤40	≤30
	休息室	≤40	
文娱与健身用房		≤45	
康复与医疗用房		≤40	

4. Ⅰ类房间不应与Ⅲ类房间相邻布置

为创造安静的生活环境,老年人照料设施的三类房间中,Ⅰ类房间不应与Ⅲ类房间相邻布置,与其他类型的房间相邻布置时,房间与房间之间的隔墙或楼板,以及房间与走廊之间的隔墙,应具备规定的空气声隔声性能,见表 9-3。

表 9-3 房间之间隔墙和楼板的空气声隔声标准

构件名称	空气声隔声评价量
Ⅰ类房间与Ⅰ类房间之间的隔墙,楼板	≥50 dB
Ⅰ类房间与Ⅱ类房间之间的隔墙,楼板	≥50 dB
Ⅱ类房间与Ⅱ类房间之间的隔墙,楼板	≥45 dB
Ⅱ类房间与Ⅲ类房间之间的隔墙,楼板	≥45 dB
Ⅰ类房间与走廊之间的隔墙	≥50 dB
Ⅱ类房间与走廊之间的隔墙	≥45 dB

5. 单元起居厅、餐厅等应把握适宜的空间容积和中频混响时间

单元起居厅、老年人集中使用的餐厅及文娱与健身用房、康复用房等一般不需进行特殊的音质设计,但应把握适宜的空间容积和中频混响时间,确保老年人听得清楚且不费力。表 9-4 给出了中、大空间的老年人用房混响时间标准。混响时间是指声音在房间内持续反射并逐渐减弱到不可听见的时间,控制在合理范围内可以提高听觉舒适度和语言清晰度。

表 9-4 老年人用房空场 500~1 000 Hz 混响时间(倍频程)的平均值

房间容积(m³)	混响时间(s)
<200	≤0.8
200~600	≤1.1
>600	≤1.4

6. 应充分利用自然声来营造整体环境

老年人偏好安静的自然声,如鸟鸣、流水声、风铃声等。老年人照料设施的声环境设计应充分利用自

然声音来营造一个舒适的整体环境,使老年人感到放松和愉悦。

任务实施

　　养老设施中,防火安全是保障老年人生命健康的核心环节。老年人由于行动能力受限、感官退化及认知障碍,在火灾中往往难以自主察觉危险、快速反应或有效逃生。加之老年人普遍存在呼吸系统或心血管疾病,火灾产生的烟雾和高温极易诱发窒息、昏迷甚至猝死,进一步放大伤亡概率。此外,集体居住的养老机构物理环境与运营模式加剧了火灾隐患。空间内可燃物集中(如床上用品、纸尿裤),医疗设备(制氧机、电热毯)长期运行易引发电气火灾,而老旧建筑可能因防火分区缺失、安全通道不足导致火势蔓延失控。夜间火灾风险尤为突出,值班人员减少与老年人睡眠状态叠加,可能延误报警和疏散时机,造成群死群伤。

　　火灾事故不仅会引发法律追责,更会摧毁社会信任,导致机构声誉崩塌与运营危机。因此,养老机构必须将老年人的特殊性深度融入防火设计,以"防消结合"的理念织密安全防护网,真正实现"老有所安"的社会承诺。

　　任务1　分析养老设施防火疏散避难的特殊性和难点。

表 9-5　任务实施表(任务 1)

任务分析	任务结论	
老年人由于肢体行动能力、视觉、听觉等各项身体机能衰退,其行走速度会变慢,对外界事物的感知能力和反应能力也会下降。当出现火灾及其他突发事件时,老年人很可能因未能及时察觉危险、行动迟缓或未做出正确应对,而导致较为严重的安全事故,面临更高的风险	养老设施中的大部分居住者行动能力有限、需要他人护理,且每位老年人的身心障碍类型不同,自主疏散能力也各有差异。这些都会大大增加养老设施疏散避难设计的复杂性和难度	
养老设施中的失能半失能老年人通常不具备自主疏散能力,当需要紧急疏散时,往往要由护理人员通过人力背负或借助轮椅、推床等辅具进行运送 背负疏散对护理人员的身体素质及数量都有较高的要求。而利用轮椅、推床等辅具来运送老年人虽可节省护理人员的体力,但会占据更多的疏散宽度和空间,造成疏散路径的堵塞,影响整体的疏散效率	失能半失能老年人疏散难度高,协助疏散压力大	
养老设施中人员的疏散难度高,火灾事故后果严重。中国现行的《建筑设计防火规范》[GB 50016—2014(2018 年版)]对养老设施的防火疏散避难设计提出严格要求。见表 9-6。	防火规范对养老设施的建筑高度、防火分隔、用房规模、消防设施配置等设计要求严格	养老设施的建筑消防要求高
由于各地区的发展状况不同,消防要求会有一定差异,且不同地区的消防审查及验收等工作也有较大区别。如需了解具体场所的详细检查标准或地方政策,可进一步查阅相关文件或联系当地消防部门获取完整信息	需与当地有关部门进行有效沟通和协调,调整方案,获得消防审批和每年的消防检查	
中国养老设施中改造项目占比较大,特别是一些小型社区养老设施,许多都是利用办公、商业或宾馆等各类闲置用房改造而来。其硬件条件并不完全满足养老设施的消防要求,需要进行改造	改造项目消防达标难度大、成本高,给运营方带来很大成本压力	

表 9‑6 《建筑设计防火规范》[GB 50016—2014(2018 年版)]对养老设施相关要求

内 容	具 体 条 文
建筑高度	5.3.1A 独立建造的一、二级耐火等级的老年人照料设施的建筑高度不宜大于 32 m,不应大于 54 m;独立建造的三级耐火等级老年人照料设施,不应超过 2 层
用房规模	5.4.4B 当老年人照料设施中的老年人公共活动用房、康复与医疗用房设置在地下、半地下时,应设置在地下一层,每间用房的面积不应大于 200 m² 且使用人数不应大于 30 人。老年人照料设施中的老年人公共活动用房、康复与医疗用房设置在地上四层及以上时,每间用房的建筑面积不应大于 200 m² 且使用人数不大于 30 人
连廊	5.5.13A 建筑高度大于 32 m 的老年人照料设施,宜在 32 m 以上部分增设能连通老年人居室和公共活动场所的连廊,各层连廊应直接与疏散楼梯、安全出口或室外避难场地连通
防烟楼梯间	5.5.13A 建筑高度大于 24 m 的老年人照料设施,其室内疏散楼梯应采用防烟楼梯间
消防电梯	7.3.1 5 层及以上且总建筑面积大于 3 000 m²(包括设置在其他建筑内五层及以上楼层)的老年人照料设施应设置消防电梯
自动灭火系统	8.3.4 老年人照料设施应设置自动灭火系统,并宜采用自动喷水灭火系统

任务 2 厘清养老设施防火疏散避难设计重点。

表 9‑7 任务实施表(任务 2)

任务分析		任务结论
加强防火防烟分隔		考虑到老年人行动及反应速度相对较慢、自行疏散能力有限等特点,应注意加强同层及楼层间的防火防烟分隔设计,以便在火灾发生时尽可能减缓火势及烟气的蔓延,为疏散或转移老年人至安全区域争取更多的时间
优化水平及垂直疏散设计		由于养老设施中的老年人在疏散时可能会用到轮椅辅具,养老设施的水平疏散通道应确保畅通无障碍,以便老年人快速及安全地通过;垂直疏散设施设计也应充分考虑运送担架及轮椅的需求。同时,还应注意疏散通道、安全出口的标识设计,以确保老年人能够看清和识别

（续表）

任务分析		任务结论
设置人员避难场所	危险区　安全区	考虑失能或卧床老年人难以自主疏散，由护理人员协助疏散也较为困难等因素，养老设施有必要设置一些室内避难场所。当火灾发生时，护理人员可先将老年人及时、就近地疏散并隔离到相对安全的区域，以等待后续救援
重视消防设施设备选型		由于养老设施中的人员大多为老年人或女性（护理人员），在消防设施设备选型时，应考虑这些人员的身心特征和设施运营管理的特点，有针对性地配置适宜、有效的报警、灭火和疏散引导设备（如轻型的消防设备和更明晰的标识）

课后拓展

室内声环境设计要点

课后习题

扫码进行在线练习。

在线练习

项目十 养老设施建筑设备的设计

学习目标

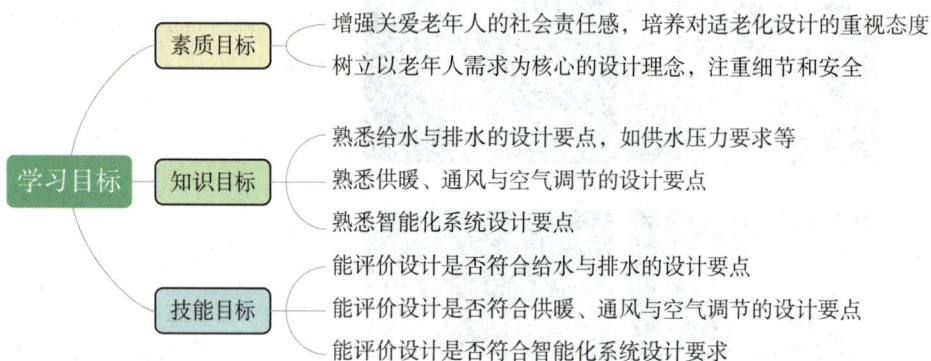

学习目标

- 素质目标
  - 增强关爱老年人的社会责任感，培养对适老化设计的重视态度
  - 树立以老年人需求为核心的设计理念，注重细节和安全
- 知识目标
  - 熟悉给水与排水的设计要点，如供水压力要求等
  - 熟悉供暖、通风与空气调节的设计要点
  - 熟悉智能化系统设计要点
- 技能目标
  - 能评价设计是否符合给水与排水的设计要点
  - 能评价设计是否符合供暖、通风与空气调节的设计要点
  - 能评价设计是否符合智能化系统设计要求

情景与任务

乐颐康养中心为改造类养老项目，位于某经济水平发达的一线城市的城郊，距市中心驾车约 1 小时，交通便利；给水与排水的设计，供暖、通风与空气调节设计合理。为提升服务品质，机构积极完善养老设施的智能化系统，提高服务效率，以缓解机构养老服务资源紧缺的矛盾。

假设你作为项目负责人，请根据项目实际情况，完成以下任务。

任务 1　分析养老设施智能化系统设计的常见问题。

任务 2　厘清养老设施智能化系统的层级结构。

任务 3　基于使用者需求的养老设施智能化系统构成。

任务分析

养老设施建筑设备的设计需考虑老年人对室内环境多元化、精细化的调控需求；需满足机构运营方在节能降本、便于操作和维护等方面的需求。与普通住宅相比，养老设施采用的环境调节设备类型更为多样、系统更加复杂，需处理好空间与设备之间的关系。

知识点一：给水与排水的设计

1. 供水系统提供的水必须符合标准

在老年人照料设施中，供水系统提供的水必须符合国家现行质量标准。可以使用非传统水源（如雨水或再生水）进行室外绿化和道路洒水（见图 10-1），以利于节水。但这些水源不能进入建筑内部老年人的生活区域，因老年人群体属于易感人群，同时辨识能力弱，容易误用，这样易对老年人的安全和健康形成隐患。此外，非传统水源用于绿化时不采用喷灌形式，而采用滴灌、微喷灌、涌流灌和地下渗灌等微灌形式，杜绝水中微生物在空气中传播污染。现行国家标准《绿色建筑评价标准》[GB/T 50378—2019（2024年版）]不建议养老院、幼儿园、医院类项目采用非传统水源。

图 10-1　用非传统水源进行室外绿化和道路洒水

2. 所有供水配件应达到最低工作压力

老年人照料设施建筑供水系统中所有供水配件应达到最低工作压力以保证使用效果,同时,不允许出现超压出流现象(见图 10-2)。系统中最低的供水点的静水压力不应超过 0.45 MPa;如果配水横管中的水压力超过 0.355 MPa 就需要采取措施来降低水压,以保证系统的正常运行和安全性。还需满足现行国家标准《民用建筑节水设计标准》(GB 50555—2010)所规定的相关要求,节约用水,并减少用水噪声。

图 10-2　供水管道系统

3. 在需要的地区供应热水

为方便老年人生活,在冬冷地区的养老设施宜供应热水,其余地区可酌情考虑。建议使用集中热水供应系统,系统出水温度适合,以防烫伤、操作简单、安全。储水温度不宜低于 60℃以防止军团菌产生,或定期将温度提高至 70℃,系统循环 10~20 min。热水配水点水温宜为 40~50℃,并应配有控温、稳压装置(恒温阀或恒温龙头),外露的热水管道应设有保温措施。追求绿色、节能,有条件地区优先采用热泵或太阳能等非传统热源,同时宜配备其他辅助加热设施以保证基本的供水温度。其中,太阳能热水系统应设防过热装置。从方便计量、节水和科学管理的角度出发,老年人照料设施建筑设计时应设置计量水表,特别是集中供应热水的机构宜同时设置热水计量水表。

4. 选用大曲率、无缩径管件消除管道噪声

老年人或多或少患有一些慢性病,对噪声很敏感,尤其是夜晚,65 dB(A)以上的突发噪声甚至会导致老年人病情加重。因此,需控制给水、热水管道流速,选用大曲率、无缩径管件消除管道噪声。选用流速小,流量控制方便的节水型、低噪声的卫生洁具。排水水流对排水横支管的冲击噪声较大,宜采用隔声性能好的管材,排水立管的降噪措施包括设置井壁有一定厚度的土建管井,或管道外包覆隔声材料。

5. 宜配备光电感应或触摸式水龙头和卫生洁具

为便于老年人操作,公用卫生间宜配备光电感应式或触摸式水龙头和卫生洁具。室内的排水系统应保持畅通,并且要确保有有效的水封装置来防止异味和害虫。为符合无障碍要求,门口截水用条形地漏且与地面平齐,不影响腿脚不便人员和轮椅通行(见图 10-3)。地漏附近易积水,老年人踩踏容易滑倒,应将其设置在角落最低处(见图 10-4),并选取性能优良的产品,确保排水顺畅,防止出现污水管内的臭味外溢而影响室内环境的现象。为减少老年人绊倒、磕碰和抓扶热水管道烫伤的风险,老年人照料设施的卫生间中,尽量暗装敷设给水排水管道。选用悬挂式洁具不仅美观,且易于清洁。

图 10-3　门口截水用条形地漏

图 10-4　设置在角落最低处的地漏

知识点二：供暖、通风与空气调节

1. 严寒和寒冷地区应采用集中供暖

严寒和寒冷地区，老年人照料设施建筑应采用集中供暖。夏热冬冷地区的供暖形式未作明确规定，可考虑采用符合国家现行标准规定的户式空气源热泵供暖或电加热供暖，但需确保供暖设施在供暖质量、消防安全、卫生条件、节能环保等方面安全可靠且操作方便。没有供暖设备的老年人照料设施应该根据当地的气候情况，在老年人使用的浴室内安装安全可靠的供暖设备，或预留将来安装供暖设备的空间和条件。表 10-1 为主要房间供暖室内设计温度最低值。

表 10-1　主要房间供暖室内设计温度最低值

房间类别	居室	居室卫生间、盥洗室	公用卫生间	浴室	文娱与健身用房	康复与医疗用房	办公室	楼梯间、走廊
设计温度(℃)	20	20	18	25	20	20	20	18

注：老年人体质差，对室温要求较高，含洗浴设备的卫生间宜设置安全可靠的辅助供暖设施，平时保持 20℃，洗浴时借助辅助供暖设施升温至 25℃，保证洗浴时的室内温度。

2. 合理设置散热器的供暖系统的热媒的温度

从运行调节、供暖质量、节能降耗、人员安全等角度出发，设置散热器的供暖系统的热媒(通常为热水)温度不大于 85℃；如果条件允许，最好使用地暖系统，供水温度不应超过 60℃。

3. 供热设备必须暗装或加防护装置

老年人行动迟缓，应急能力差，为有效避免老年人烫伤，《老年人照料设施建筑设计标准》(JGJ 450—2018)强制规定热水器、电供暖散热器、热水辐射供暖分集水器等必须暗装或加防护装置(见图 10-5、图 10-6)。老年人用房内不应敷设温度高于当地大气压下沸点的高温水管道及蒸汽管道，杜绝安全隐患，保护老年人的安全。

4. 需要安装防回流的机械排风设备

为确保室内空气质量，防止异味和污染物倒流回房间，厨房、卫生间和浴室需要安装防回流的机械排风设备(见图 10-7)。在气候严寒、寒冷或夏天炎热冬天寒冷的地区，老年人大多生活在室内，且老年人体弱多病，抵抗力差，老年人照料设施建筑内宜设置满足室内卫生要求且运行稳定的通风换气设施，快速排除室内污浊空气，提高室内空气品质。

图 10-5 未暗装或加防护装置的散热器

图 10-6 散热器防烫伤保护措施

图 10-7 机械排风设备

5. 空调设置

老年人冬季喜欢室温高一些,夏季不希望室温过低。人员长期停留的老年人用房舒适性空调室内设计参数应符合表 10-2 的规定。有条件时,供热工况室内设计相对湿度不宜小于 30%。床及固定座椅处,空调风速对老年人影响较大,应严格控制;不符合要求时,应采取遮挡等有效措施,满足要求(见图 10-8)。

表 10-2 老年人用房人员长期逗留区域舒适性空调室内设计参数

类别	温度(℃)	相对湿度(%)	风速(m/s)
供热工况	22~24	—	≤0.2
供冷工况	26~28	≤70	≤0.25

遮挡帘避免空调风直吹

采用侧风口避免空调风直吹

设空调挡风板将空调风改为间接风

图 10-8 空调风速控制措施

6. 使用集中空调系统时应设置新风系统

当建筑物使用集中空调系统时,应设置新风系统,以弥补通过外窗缝隙渗透的空气新风量的不足。因为若频繁开窗、关窗,不仅不满足国家节能要求且增加了部分老年人的行动负担。实践中用换气次数控制主要房间的新风量:康复与医疗用房、护理型床位的居室以及单元起居厅等生活用房每小时至少应换气2次;非护理型床位的居室等生活用房最小换气次数宜符合表10-3规定,以确保良好的空气质量和健康的环境。

表10-3 非护理型床位的居室等生活用房设计最小换气次数

人均居住面积	每小时换气次数
人均居住面积≤10 m²	0.70
10 m²＜人均居住面积≤20 m²	0.60
20 m²＜人均居住面积≤50 m²	0.50
人均居住面积＞50 m²	0.45

知识点三：智能化系统

1. 信息设施系统

老年人照料设施从老年人居住、活动规律和需求出发,设置信息设施系统,并应在老年人居室、单元起居厅和餐厅、文娱与健身用房、康复与医疗用房等老年人用房配备电话、电视和信息网络插座。同时,作为现代生活的基本配置,在老年人用房及公共区域建设无线局域网络覆盖,可支持无线物联网应用、移动终端应用和后续养老设施运营者的扩展及增值服务。

2. 视频安防监控系统

为及时保护老年人的人身安全,老年人照料设施建筑内以及室外活动场所(地)应设视频安防监控系统,包括:各出入口、走廊,单元起居厅、餐厅,文娱与健身用房,各楼层的电梯厅、楼梯间,电梯轿厢等公共部位。建筑首层宜设入侵报警装置。老年人居室、单元起居室、餐厅、卫生间、浴室、盥洗室,文娱与健身用房,康复与医疗用房均应设方便老年人触及的紧急呼叫装置(见图10-9)。紧急呼叫信号应能传输至相应护理站或值班室。呼叫信号装置应使用50 V及以下安全特低电压。洗澡、如厕等涉及隐私、却易发生意外的房间,如有条件可设置红外探测报警仪或地面设置低卧位探测报警探头等。失智老年人的照料单元宜设门禁系统(见图10-10)。

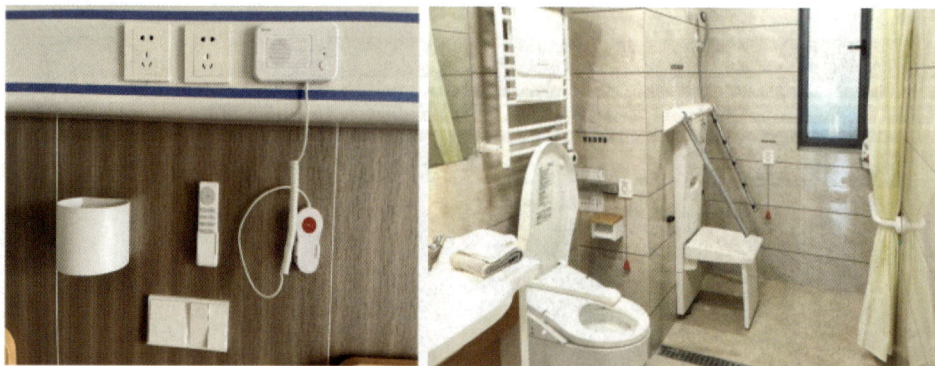

图10-9 紧急呼叫装置设置示意

图 10-10 门禁系统设置示意

3. 室温监测和调控系统

为实现能效监管，人性化关怀老年人，宜在老年人各用房设置实时室温监测和调控系统。各用房内尽可能采用单独调控的方式，因老年人对室内温度感受存在个体差异。

4. 照护与管理平台

顺应物联网、云计算、大数据等信息交互多元化和新应用的发展，设置照护与健康管理平台。支持护理呼叫信号系统、护理人员巡更系统等专业业务系统；支持照护人群健康数据采集、分析和管理的系统，实现为老年人提供更加精准的照护及健康服务；支持老年人活动监护及无线定位报警系统，特殊照料人群（如失智老年人）防走失装置；支持照料人群与家人间信息及时传递系统；支持城乡、社区养老服务资源合理配置系统。

任务实施

任务 1 分析养老设施智能化系统设计的常见问题。

表 10-4 任务实施表（任务 1）

任务分析		任务结论
操作方式不符合老年人的认知和生活习惯		直接采用年轻人乐见的普通智能化设备，不适配老年人的认知和生活习惯，可能适得其反。如：感应开关位置不易发觉或感应出水容易误触的智能坐便器，浪费水资源的同时，意外的冲水声还容易对老年人造成惊吓
集成式面板选项过于复杂		融合了多种功能的集成式的开关面板，对于各项身体机能衰退的老年人来说，很难看清和记住上面按钮与功能的对应关系，看似先进，实则给老年人造成较大的操作困难

（续表）

任务分析		任务结论
监控设施设备暴露老年人隐私		设在公共空间的智能监控设备的显示屏幕虽便于员工查看，但将老年人的身份信息、健康状况、监控画面等暴露在外，侵犯了老年人的隐私，并且容易造成安全隐患
自动控制设备展示性大于实用性		智能化设备成为展示养老设施亮点的"噱头"，"重技术、轻需求"，实际使用频率很低。如：为自理老年人设置的自动控制开闭的窗帘，原本手拉一下能够轻松解决的事情，现在为了开窗帘还得找遥控器，这种自动控制反而让人觉得麻烦

任务2　厘清养老设施智能化系统的层级结构。

根据养老设施建筑单元化、组团化的空间结构特点，其中的智能化系统通常划分为三个层级，即对应整个养老设施建筑的中央控制端，对应每个功能分区的分布控制端，以及对应每个具体功能空间或个人的终端，其层级关系如图10-11所示。在养老设施的建筑空间当中，智能化系统的上述三个层级分别体现为中控室、分控台和设备终端，其形式、功能和位置分布特征如图10-12所示。

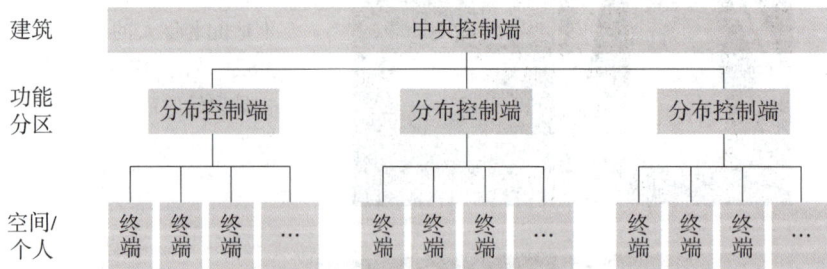

图10-11　养老设施智能化系统的层级关系

其中中控室，宜设于建筑首层或地下一层靠外墙的部位，疏散门直接面向室外或安全出口。通常与员工值班办公用房相邻设置，以方便员工间的沟通联系和相互支持（见图10-13）。中控室是集中安放网络信息、资源能源、安防消防等各类中央控制系统主机、操作面板和监控屏幕等设施设备的独立房间，需要全天24小时有人值守。对于空间紧张的小微设施，可利用移动控制设备取代专用房间，或通过远程控制手段利用一间中控室实现多家设施的统一控制，以节约空间和人力。

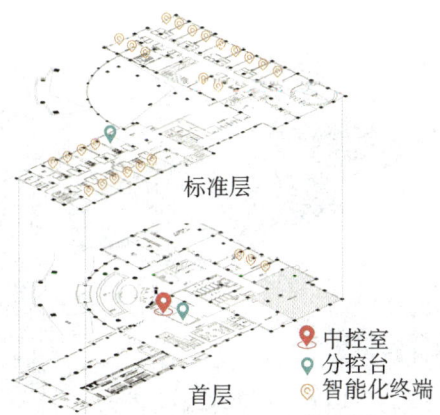

图 10-12 智能化系统在养老设施中的空间分布示例

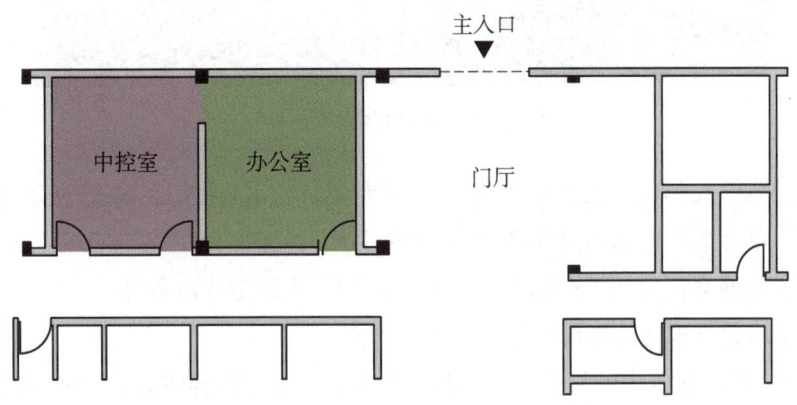

图 10-13 中控室的位置选择设计示例

分控台是在各个照料单元、楼层或功能分区当中的服务台或护理站设置的控制面板。它对本控制分区内的各类设备终端如空调机组、照明灯具、监控探头、呼叫器等进行控制、管理和应答。上传本控制分区的信息,下达中控室的要求。它可以是固定的,也可采用移动设备作为载体,增强区域环境的可控性和服务需求响应的及时性(见图 10-14)。

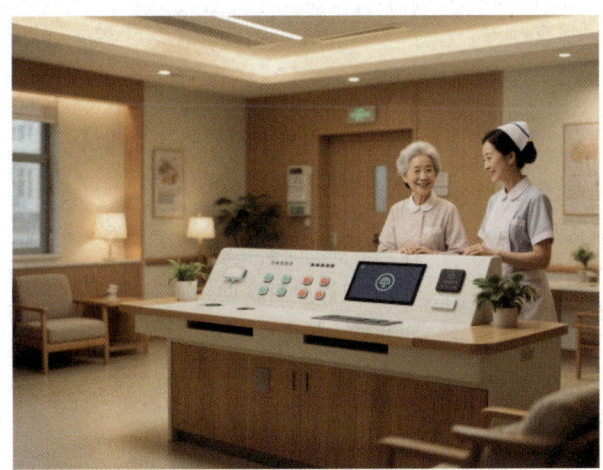

图 10-14 某养老设施的分控台

设备终端的使用一般不受位置影响(见图 10-15),除固定安装类设备需要在空间界面预留强弱电点

位外。它可以控制设施设备、感应环境变化、采集分析数据,与老年人进行交流和互动,大致可分为三类:

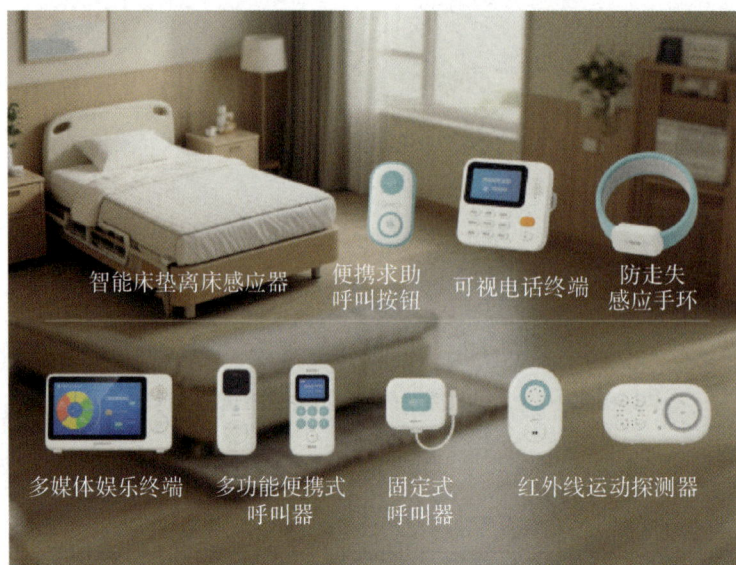

图 10-15 智能化设备终端举例

① 固定安装类:典型案例包括操控开关、固定式呼叫器、监控摄像头、红外感应灯、智能床垫等。

② 随身穿戴类:典型案例包括随身式呼叫器、定位手环、智能腕表、门禁卡片等。

③ 移动交互类:典型案例包括护理机器人、陪伴机器人、体感游戏设备等。

任务 3 基于使用者需求的养老设施智能化系统构成。

根据使用者(养老设施建筑中的管理者、护理员和老年人)需求,养老设施智能化系统划分为管理安全、生活照料、健康娱乐三个子系统(见表 10-5)。

表 10-5 养老设施智能化系统的三个子系统

子系统名称	管理安全子系统	生活照料子系统	健康娱乐子系统
设置目的	实现对老年人和设施信息的管理,保障老年人及各个空间的实时安全	提高护理效率,提升护理质量;降低建筑能耗,保证环境舒适	辅助老年人进行活动,提供针对性的娱乐内容,提升老年人生活品质
主要用途	① 管理监控:通过大数据信息系统,对设施内入住老年人的信息进行管理;通过电子门禁、智能巡更等设备,判断设施内是否有人入侵,以保证财产与生命安全 ② 防灾报警:通过各类传感装置收集设施内的环境监测信息,及时判断火灾等危险情况的发生,并进行报警和控制防灾设备的自动开关	① 物理环境控制:通过分散的传感装置和集中的控制开关相结合,对设施内空调及其他设备进行智能调控,提供给老年人舒适的居住环境的同时避免能源的浪费 ② 智能照料辅助:通过手动呼叫和自动监测等设备,掌握每位老年人日常生活和体征情况,及时了解老年人的护理需求和健康状态,提升护理质量,同时减轻护理员的工作压力,提高护理效率	① 运动康复辅助:通过多样化的健康运动设备,保证老年人的锻炼活动;通过智能传感装置,对老年人的运动过程进行监测与指导,辅助老年人的康复训练 ② 多媒体娱乐:通过有线多媒体、无线互联网、人工智能、虚拟现实等技术和终端,满足老年人的精神文化需求,丰富老年人的生活体验

（续表）

子系统名称	管理安全子系统	生活照料子系统	健康娱乐子系统
典型应用场景			

▶ 课后拓展

室内空气环境设计要点

课后习题

扫码进行在线练习。

主要参考文献

References

标准或文件

1. 城市公共设施适老化设施服务要求与评价:GB/T 45158—2024[S],2024.

2. 城市居住区规划设计标准:GB 50180—2018[S],2018.

3. 辅助器具适配服务规范:T/CARD 002—2020[S],2020.

4. 家居产品适老化设计指南:GB/T 45272—2025[S],2025.

5. 建筑与市政工程无障碍通用规范:GB 55019—2021[S],2021.

6. 居家与养老机构适老产品配置要求:MZ/T 219—2024[S],2024.

7. 老年人居家环境适老化改造服务机构基本规范:MZ/T 217—2024[S],2024.

8. 老年人居家环境适老化改造通用要求:MZ/T 218—2024[S],2024.

9. 老年人能力评估规范:GB/T 42195—2022[S],2022.

10. 老年人照料设施建筑设计标准:JGJ 450—2018[S],2018.

11.《老年人照料设施建筑设计标准》图示:21 J824[S],2022.

12. 民政部,等.关于加快实施老年人居家适老化改造工程的指导意见[S],2020.

13. 民政部.适老环境评估导则(征求意见稿)[S],2023.

14. 无障碍设计规范:GB 50763—2012[S],2012.

15. 养老机构设施设备配置:MZ/T 215—2024[S],2024.

图书

1. HJSJ 华建环境设计研究所.适老化住宅设计尺寸指引[M].南京:江苏凤凰科学技术出版社,2023.

2. 北京今朝装饰设计有限公司.中国适老装修指南[M].北京:北京燕山出版社,2021.

3. 娜日沙,赵晓路.居家养老 打开适老化改造之门[M].江苏:江苏凤凰美术出版社,2024.

4. 王洪羿.走向交互设计的养老建筑[M].南京:江苏凤凰科学技术出版社,2021.

5. 王丽娜,李丽珍,刘平.当代养老建筑创新设计研究[M].北京:北京工业大学出版社,2021.

6. 王文焕.适老化居家环境设计与改造[M].北京:中国人民大学出版社,2020.

7. 王友广.中国居家养老住宅适老化改造实操与案例[M].北京:化学工业出版社,2018.

8. 吴萍,彭亚丽.适老化创新设计[M].北京:化学工业出版社,2023.

9. 张芳燕,梁浩.养老居住设施规划设计研究[M].哈尔滨:哈尔滨出版社,2021.

10. 赵晓征,[日]田中理.透视日本养老[M].北京:中国建筑工业出版社,2022.

11. 赵晓征.养老设施及老年居住建筑——国内外老年居住建筑导论[M].北京:中国建筑工业出版社,2010.

12. 中国房地产业协会养老地产与大健康委员会. 养老住区室内全装修设计指南[M]. 北京:中国建筑工业出版社,2020.

13. 周燕珉,李广龙. 适老家装图集 —— 从 9 个原则到 60 条要点[M]. 北京:中国建筑工业出版社,2019.

14. 周燕珉,秦岭. 适老社区环境营建图集——从 8 个原则到 50 条要点[M]. 北京:中国建筑工业出版社,2018.

15. 周燕珉. 养老设施建筑设计详解 1[M]. 北京:中国建筑工业出版社,2018.

期刊

1. 李楠. 住宅建筑套内空间适老化改造方法论析[J]. 沈阳建筑大学学报(社会科学版),2019,21(01):32—37.

2. 刘敬东,王田田. 老年人行为特征下的适老化景观设计[J]. 设计,2023,36(06):114—116.

3. 刘正礼. 适老化改造中物联网智能家居的探索与应用[J]. 数字技术与应用,2019,37(04):82—83.

4. 石园,吴海平,张智勇,等. 人因工程下不同养老模式的适老化设计研究[J]. 中国老年学杂志,2016,36(04):987—991.

5. 肖贵兰,郭本羽. 居家养老模式下的适老化住宅设计[J]. 城市住宅,2021,28(02):199—200.

6. 徐祥伍,欧阳国辉,蒋念. 未来社区公共设施适老化包容性设计研究[J]. 家具与室内装饰,2021,(12):130—134.

7. 应佐萍,桑轶菲,陈丽娜. 旧居住区适老化改造实证研究——以浙江省舟山市蓬莱住区为例[J]. 建筑经济,2021,42(01):97—100.

8. 周翔宇,刘源,刘峰. 功能需求导向下的旧社区景观适老化改造研究——以南京市锁金村街道为例[J]. 园林,2020,(02):60—66.

学位论文

1. 高岳. 社区养老模式下西安市住区公共空间适老化改造设计研究[D]. 西安建筑科技大学,2018.

2. 刘高辛. 老年友好背景下老旧社区公共空间改造的适老化研究[D]. 昆明理工大学,2021.

3. 刘婷婷. 西安老旧小区改造户外适老环境设计研究——以西安建筑科技大学南院社区为例[D]. 西安建筑科技大学,2021.

4. 彭艺杰. 适老化室内公共空间改造设计研究[D]. 湖北美术学院,2020.

5. 秦岭. 居家适老化改造的实践框架与方法研究[D]. 清华大学,2021.

6. 周一琛. 城市公共文化与体育服务适老化建设研究[D]. 四川省社会科学院,2020.

图书在版编目(CIP)数据

社区居家适老化环境设计/张园,王宏仪主编.
上海:复旦大学出版社,2025.6. -- ISBN 978-7-309
-18037-4

Ⅰ. TU241.93

中国国家版本馆 CIP 数据核字第 20256W5L79 号

社区居家适老化环境设计
张 园 王宏仪 主编
责任编辑/朱建宝

复旦大学出版社有限公司出版发行
上海市国权路 579 号 邮编:200433
网址:fupnet@ fudanpress.com http://www.fudanpress.com
门市零售:86-21-65102580 团体订购:86-21-65104505
出版部电话:86-21-65642845
上海丽佳制版印刷有限公司

开本 890 毫米×1240 毫米 1/16 印张 10 字数 282 千字
2025 年 6 月第 1 版第 1 次印刷

ISBN 978-7-309-18037-4/T · 779
定价:59.00 元